全国农业职业技能培训教材

“为渔民服务”系列丛书　　科技下乡技术用书

全国水产技术推广总站•组织编写

北方地区草鱼池塘健康养殖高产技术

任惠民　主编

海洋出版社

2016年·北京

内容摘要

本书以当地规模化草鱼高产养殖经验和技术总结为基础，系统介绍了北方地区草鱼池塘大规模高产健康养殖技术，内容主要包括：苗种人工繁育、养殖操作规程、草鱼病害防治和高产实例介绍等。本书内容通俗易懂，技术方法实用，可操作性强，适于广大渔民朋友阅读参考。

图书在版编目（CIP）数据

北方地区草鱼池塘健康养殖高产技术/任惠民主编．—北京：海洋出版社，2016.7

（为渔民服务系列丛书）

ISBN 978－7－5027－9551－1

Ⅰ.①北…　Ⅱ.①任…　Ⅲ.①草鱼－池塘养殖　Ⅳ.①S965.112

中国版本图书馆 CIP 数据核字（2016）第 175153 号

责任编辑：朱莉萍　杨　明

责任印制：赵麟苏

海洋出版社　出版发行

http：//www.oceanpress.com.cn

北京市海淀区大慧寺路 8 号　邮编：100081

北京朝阳印刷厂有限责任公司印刷　　新华书店发行所经销

2016 年 9 月第 1 版　2016 年 9 月北京第 1 次印刷

开本：787mm×1092mm　1/16　印张：11.75

字数：155 千字　定价：35.00 元

发行部：62132549　邮购部：68038093　总编室：62114335

“为渔民服务”系列丛书编委会

《北方地区草鱼池塘健康养殖高产技术》编委会

主　编　任惠民

编　委　柴　炎　张武敬　邢静志

前　言

草鱼属鲤形目鲤科雅罗鱼亚科草鱼属。草鱼的俗称有：鲩、鲩鱼、草鲩、白鲩、草鱼、混子、黑青鱼等。栖息于平原地区的江河湖泊，一般喜居于水的中下层和近岸多水草区域。性活泼，游泳迅速，常成群觅食。为典型的草食性鱼类。因其生长迅速，饲料来源广，是中国淡水养殖的四大家鱼之一。

北方地区滩涂资源广阔，光照充足，极适宜草鱼的生长繁殖。由于草鱼池塘养殖成本低、产量高、经济效益相对较好，已成为北方地区池塘养殖的主要品种之一。为了因地制宜地推广北方地区草鱼池塘健康养殖高产技术，根据标准化水产健康养殖规范的要求，总结相关地区草鱼养殖的生产实践经验和典型做法，我们编写了《北方地区草鱼池塘健康养殖高产技术》一书，该书主要从草鱼的生物学特征、人工繁殖、苗种培育、成鱼的池塘养殖、病害防治、池塘健康养殖高产实例以及怎样建设水产养殖场等方面，对草鱼池塘养殖的关键步骤和技术进行了详细的总结说明，并将理论知识与生产技术和渔民多年摸索的实践经验融为一体，叙述深入浅出，内容图文并茂，文字通俗易懂，技术实用、可操作性强，旨在帮助养殖生产者解决生产中遇到的难题，尽快将草鱼池塘健康养殖高产技术应用到生产实践中，并取得成效。该书可供广大水产养殖从业者和技术管理人员参阅。

本书编写过程中，参阅和引用了有关文献资料、图片和数据，在此一并致以衷心的感谢！

限于编者的学识和编写水平，书中不妥之处在所难免，敬请广大读者批评指正。

编著者

2016年7月

目　录

第一章
草鱼的生物学特性

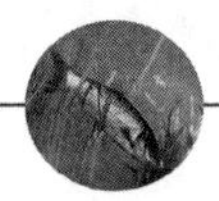

第一节　形态特征

中国淡水经济鱼类中最负盛名者当推草鱼、青鱼、鲢、鳙，并被誉为世界著名的“四大家鱼”（图 1.1）。草鱼是我国特有的鱼类，然而却因其独特的食性和觅食手段被当做拓荒者而移植至世界各地。草鱼在鱼类分类上属于鲤形目鲤科雅罗鱼亚科草鱼属，俗称有：鲩、鲩鱼、草鲩等。草鱼的特点有：其体较长，略呈圆柱形或圆筒形，腹圆无棱；头部平扁而较宽，尾部侧扁；口端位，呈弧形，上颌略突出于下颌，下咽齿二行，侧扁，呈梳状，齿侧具横沟纹；无须；背鳍和臀鳍均无硬刺，背鳍和腹鳍相对，各鳍均呈浅灰色；鳞圆且大，体呈茶黄色，背部青灰略带草绿，偶鳍微黄色，腹部银白色。

草鱼是大型鱼类，最大个体可超过 40 千克。在池塘养殖条件下，一般 1 龄鱼可达 0.75～1 千克，2 龄鱼可达 1.5～3.0 千克；在食料充足的天然水域中，1 龄鱼可达 1.5～2.0 千克，2 龄鱼可达 3.5～4.0 千克，3 龄鱼可超过 5.0 千克。

图 1.1　四大家鱼

第二节　食性特点

草鱼性情活泼，游泳迅速，常成群觅食，性贪食，为典型的草食性鱼类。草鱼肠管较长，一般为体长的 2.5 倍，其咽喉齿具有锯齿状的顶面，可切断、嚼碎水草，在自然水域中主要摄食高等水生植物，即水草，草鱼的名称也因食草而来。草鱼摄食的植物种类随着生活环境里食物基础的状况而有所变化，一般来说，苦草、轮叶黑藻、浮萍等都是其喜食的品种，没入水中的旱草也是其食源。冬季草鱼基本停止或很少摄食，肠道无食。草鱼体长在 1 厘米以前阶段主要摄取小型的浮游动物，此时肠管直而短，仅为体长的 0.5 倍，随着体长的增长，肠管渐渐增长，其食用种类逐渐转为轮虫、摇蚊幼虫、浮游甲壳类，到体长 5 厘米以上时可食浮萍，体长超过 10 厘米，就逐渐转为草食性，以高等水生植物为食，如苦草、轮叶黑藻及各种牧草、蔬菜以及其他植物的瓜、藤、叶等。在人工精养条件下，以投喂草鱼专用配合饲料为主，有条件的还可配合投喂牧草等。草鱼食量大，每日摄食量约占体重的 40%以上。

第三节　生长状况

草鱼（图 1.2）生长迅速，就整个生长过程而言，体长增长最迅速时期为 1 ~2 龄，体重增长则以 2 ~3 龄为最迅速。当 4 龄鱼达性成熟后，增长就显著减慢。1 冬龄鱼体长约为 340 毫米，体重约为 0.75 千克；2 冬龄鱼体长约为 600 毫米，体重约 3.5 千克；3 冬龄鱼体长约为 680 毫米，体重约 5 千克；4 冬龄鱼体长约为 740 毫米，体重约 7 千克；5 冬龄鱼体可达约 780 毫米，体重约 7.5 千克；最大个体可达 40 千克以上。

图 1.2　草鱼

草鱼饲料蛋白要求较低，养殖成本低，是池塘养殖的主要品种之一，在北方地区从养殖效益、成本核算和市场需求等方面考虑，草鱼在 1 龄时体重达到约 1.5 千克时，即可捕捞上市。

第四节　繁殖条件

草鱼和其他几种家鱼的生殖情况相类似，在自然条件下，不能在静水中产卵。产卵地点一般选择在江河干流的河流汇合处、河曲一侧的深槽水域、两岸突然紧缩的江段为适宜的产卵场所。雌草鱼一般 4 龄成熟，最小成熟年龄为 3 龄，体长约 60 厘米，体重约 5 千克。

草鱼在生殖季节和鲢鱼相近，较青鱼和鳙鱼稍早。生殖期为4—7月，比较集中在5月间。一般江水上涨来得早且猛，水温又能稳定在18℃左右时，草鱼产卵即具规模。草鱼的生殖习性和其他家鱼相似，达到成熟年龄的草鱼卵巢，在整个冬季（12月至翌年2月）以Ⅲ期发育期阶段越冬；在3—4月水温上升到15℃左右，卵巢中的Ⅲ期卵母细胞很快发育到Ⅳ期，并开始生殖洄游，在溯游过程中完成由Ⅳ期到Ⅴ期的发育，在溯游的行程中如遇到适宜于产卵的水文条件刺激时，即行产卵。通常产卵是在水层中进行，鱼体不浮露水面，习称“闷产”；但遇到良好的生殖生态条件时，如水位陡涨并伴有雷暴雨，这时雌、雄鱼在水的上层追逐，出现仰腹颤抖的“浮排”现象。卵受精后，因卵膜吸水膨胀，卵径可达约5毫米，顺水漂流，水温在20℃左右发育最佳，大约30～40小时孵出鱼苗，此时鱼苗体长为6～7毫米，无色透明，孵出后2～4天，体长7.5～8.5毫米，尾静脉明显；孵出后6天左右，膘形成1室，椭圆形，靠近头部；孵出2周左右，体长12～14毫米，膘形成2室，背鳍、臀鳍、尾鳍褶明显分化并开始长出鳍条；孵出25天左右，体长18～23毫米时，鳞片出现，鳍形成。

草鱼可在人工管理条件下，利用催产、产卵池、孵化环道等方式和设施，进行鱼苗孵化。

第五节　生活习性

草鱼一般喜栖居于江河、湖泊等水域中，栖居活动在水体的中下层和近岸多水草区域，觅食时也在水的上层活动，在养殖池塘中的生活习性亦是如此。其性情活泼，游速快，繁殖季节成熟的亲鱼具有溯游习性，属半洄游性鱼类，性成熟个体在江河流水中产卵，产卵后的亲鱼和幼鱼进入支流及通江湖泊中，通常在被水淹没的浅滩草地和泛水区域以及干支流附属水体（湖泊、小河、港道等水草丛生地带）摄食育肥。冬季则在干流或湖泊的深水处越冬。

第六节　营养价值

一、营养分析

草鱼肉质肥嫩，味鲜美，含有维生素 B_1、B_2、B_3、不饱和脂肪酸，以及钙、磷、铁、锌、硒等元素离子，每百克可食部分含蛋白质 15.5～26.6 克，脂肪 1.4～8.9 克，热量 83～187 千卡，钙 18～160 毫克，磷 30～312 毫克，铁 0.7～9.3 毫克，硫胺素 0.03 毫克，核黄素 0.17 毫克，尼克酸 2.2 毫克。可制作各种可口美味菜肴，如家常菜红烧草鱼（图 1.3）。

图 1.3　红烧草鱼

二、食用功效

①草鱼味甘性温，有平肝、泊痹、暖胃、中平肝、祛风等功能，是温中补虚的养生食品。

②草鱼含有丰富的硒元素，经常食用有抗衰老、养颜的功效，而且对肿瘤也有一定的防治作用。动物实验表明，草鱼胆有明显降压、祛痰及轻度镇咳的作用。草鱼胆虽可治病，但胆汁有毒，食用须慎重。

③草鱼含有丰富的不饱和脂肪酸，对血液循环有利，是心血管病人的良好食物。

④对于身体瘦弱、食欲不振的人来说，草鱼肉嫩而不腻，可以开胃、滋补。

第二章
草鱼的人工繁殖

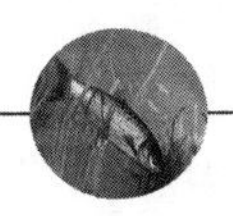

第一节　亲鱼的培育

亲鱼是指用于人工繁殖的雌鱼和雄鱼。亲鱼通过人工培育，使其性腺达到成熟，才能进行人工催产。所以，亲鱼培育是人工繁殖的基础，是最重要的一个生产环节之一。

一、亲鱼来源及年龄、雌雄鉴别

1. 亲鱼来源及选择

（1）来源

天然水域采捕的鱼苗或从具有苗种生产许可资质的良种场购置的苗种，通过专门的池塘精心培育，并经过逐级筛选而获得的，生长、发育及体型等均较理想的个体作为亲鱼；从江河、水库、湖泊等水域择优收集到的生长、发育正常，体型较大的成鱼，并经过池塘适当培育、选育后作为亲鱼。未达性成熟的个体，作为后备亲鱼，成熟个体，作为当年生产用亲鱼。在草鱼人工繁殖过程中，要坚决杜绝近亲繁殖，须选择不同来源、亲缘关系较远的雌、雄鱼作为亲鱼，进行交配繁殖，这样可以使后代的体格健壮、生长速度快、抗病性强。

（2）选择

捕捞亲鱼的季节，最好在晚秋和早春水温较低（7～10℃）进行，此时鱼的活动量较小，不易受伤，也不易缺氧，运输方便。

首先要选择达到成熟年龄的亲鱼进行培育。亲鱼的选择应具备体质健壮，体色正常，鳞片完整，体型好，生长快，无畸形，体表无伤和疾病的特性；以第二次性成熟的年龄为好。亲鱼体重应超过 7 千克。在选择亲鱼时，还应注意在亲鱼培育和催产时掌握合适的雌雄搭配比例，一般雄体略多于雌体。另外，一些个体小、成熟早的亲鱼，子代质量就会不良，不宜选用。

2. 亲鱼成熟年龄、年龄鉴别方法和雌雄特征

（1）成熟年龄

家鱼性成熟年龄与所在地区、饲养管理水平、饵料生物和温度等水质理化因子的优劣以及栖息的水域生态条件等均有密切的关系。因此，我国南北各地家鱼成熟年龄有所差异，南方亲鱼性成熟较早，个体较小，北方则成熟迟缓，个体较大。同时，雄鱼较雌鱼普遍提早 1 年性成熟，个体也较小。第一次繁殖后，一般可连续使用 5 年以上，以后如果亲鱼怀卵量急剧减少或出现难产现象以及子代鱼苗质量不佳时，要对亲鱼进行淘汰和更新。不同流域家鱼成熟年龄情况见表 2.1。

表 2.1　池塘家鱼成熟年龄与体重

鱼类	黄河流域		珠江流域		长江流域		黑龙江流域	
	年龄	体重（千克）	年龄	体重（千克）	年龄	体重（千克）	年龄	体重（千克）
草鱼	6	约 6	4 ~ 5	约 4	4 ~ 5	约 5	6 ~ 7	约 6
鲢鱼	5	约 4	2 ~ 3	约 2	3 ~ 4	约 3	5 ~ 6	约 5
鳙鱼	6	约 8	3 ~ 4	约 5	4 ~ 5	约 7	6 ~ 7	约 10

（2）年龄鉴别方法

①鳞片鉴别法：把侧线上方（背鳍下方）的鳞片取下几片，用水冲洗干净后夹在载玻片上，然后在解剖镜下观察，在鳞片后侧区，两纹群相交处，有纹理切割现象，每一切割处即代表年轮，鳞片上的疏和密的纹理，反映出鱼类生长与季节之间的关系（图 2.1）。

图 2.1　鳞片

②鳍条鉴别法：用钢锯将第一根胸鳍条（近基部）锯成约 2 毫米厚的小片，然后磨成 0.2 毫米左右的薄片，置于载玻片上用高倍解剖镜观察，可以

看到一个致密、不透明的环与一个疏而半透明的环交替排列着，其中每一个半透明环即代表一个年龄。

（3）雌、雄鱼鉴别方法

一看胸鳍：雄鱼的胸鳍1～11鳍条较长，其余各鳍条逐渐变短，像尖刀一样自然张开，胸鳍鳍条厚而长，可覆盖8个鳞片；雌鱼的胸鳍1～10鳍条较长，其余各鳍条逐渐短小，像扇形一样自然张开，胸鳍鳍条薄而短，只能覆盖6片鳞片。

二看臀鳍：雄鱼的臀鳍开端自然张开呈平直状；雌鱼的臀鳍末自然张开呈波浪状。

三看腹部鳞片：雄鱼腹部鳞片小而圆，排列紧密；雌鱼腹部鳞片大而圆，排列稀松。

四看珠星：雄鱼在生殖季节，性腺发育良好，胸鳍和鳃盖上出现珠星，即圆形小颗粒；雌鱼一般不出现珠星。

五看生殖孔：性腺成熟时，轻压腹部有乳白色精液流出的，则为雄鱼；腹部十分柔软，大而圆的，则为雌鱼。

二、亲鱼培育池的准备

1. 池塘面积

以面积2～4亩、长方形池塘为宜，便于饲养管理和拉网操作。当繁育用的亲鱼池过大，会增加拉网次数和捕捞强度，还容易引起晚催情的雌亲鱼性腺发生退化。后备亲鱼池以5～10亩较为合适。

2. 池塘水深

水深应保持在2.5～3米为宜。冬季要加深水位以保暖越冬；夏季则应降低水位，以增强光照，提高水温，有利于性腺发育。

3. 环境条件

要临近水源，水质良好无污染，注排水方便，交通便利，并靠近产卵池，并配有相应功率的增氧机。池塘应保水性能好，以砂壤土为宜，应少含或不含淤泥，水质清瘦，池底平坦，四周开阔，向阳通风。

4. 池塘清整

每年都应进行一次池塘清理、整修，主要工作内容包括：清除多余的淤泥，整修加固池埂，清除杂草，并用生石灰或漂白粉进行清塘，消灭野杂鱼、底栖生物、水生昆虫、致病菌和寄生虫孢子等其他敌害生物。

三、亲鱼培育

1. 亲鱼产前、产后培育的操作要点

（1）亲鱼产前培育（2月底至5月）

此举关系到草鱼亲鱼精、卵的质量和数量。亲鱼越冬后，体内的脂肪大部分转化到性腺。随着春季的到来，也是亲鱼卵巢从第Ⅲ期发展到第Ⅳ期的时期，此时，水温逐渐上升，可将池水排出一半，加注新水，水深保持约1.5米，易于池水温度的升高。3月开始，随着亲鱼的开食，可按照1%投饲率投喂精饲料，并按照青饲料与精饲料（15～20）∶1的比例投喂青饲料。值得注意的是，要避免由于投喂精饲料过多导致的亲鱼过肥，而影响性腺发育和产卵，所以精饲料可逐渐减少或不投，青饲料要投足。在临近催产前，亲鱼摄食量明显减少，可停止投喂。

本阶段需特别注意定期加注新水，进行产前冲水刺激，促进亲鱼性成熟。

具体做法是：秋冬季一般每10～15天冲水一次，每次3～5小时；3月以后，随着水温的升高，每周冲水一次；到催产前的10天以内，要每天冲水一次。

（2）亲鱼产后培育（产后至翌年2月）

产后亲鱼体力消耗很大，还常有产伤易感染，需要尽快进行亲鱼休整和虚弱体质恢复的工作，为来年的生产打好基础。具体做法：先将亲鱼在清新的水质中暂养几天，然后及时提供充足、适口和营养丰富的饲料，并可投喂拌有消炎药理作用的药饵。每天上午9：00—10：00时投喂青饲料，至下午16：00时吃完为度，每天下午按照1%～2%的投饲率投喂精饲料。同时，做好池塘水质调节，确保水质良好，透明度保持在约30厘米。到秋末冬初，随着水温的降低，鱼的摄食量减少，根据水温，可每隔2～3天投喂一次；当冬季水温超过5℃、天气晴暖时，还应适当投喂，直到越冬前，都要精心管理，促进鱼体脂肪的积累，确保亲鱼能安全越冬和来年开春后的性腺发育之用。

（3）日常管理

亲鱼池要有专人负责管理，坚持早晚巡塘。要根据亲鱼的摄食情况及水质变化情况确定投饲量和施肥量；及时清除池塘内的残饵和残渣，保持鱼池清洁。当4月亲鱼性腺发育进入大生长期后，要特别注意池塘溶氧状况，适时使用增氧机或补充新水的方式增氧，以免亲鱼缺氧造成性腺退化，甚至造成缺氧死亡。

2. 亲鱼放养密度

亲鱼池的放养密度是依据池塘条件、饲养管理技术等来确定，一般每亩[①]池塘放养亲鱼总重量为150～200千克，雌雄比例为（1∶1）～（1∶1.5）为宜，可适量搭养2～4尾鲢、鳙的后备亲鱼。

---

① 亩：非法定计量单位，1亩≈666.67平方米。

第二节　催情产卵

通过人工注射外源激素促使亲鱼性腺发育成熟和亲鱼发情产卵称为催情产卵，生产上又称催产。催产前应做的准备工作有：①蓄水池、产卵池、孵化池等产卵设施的准备，需进行维修、洗刷和调试；②催产剂、催产工具和亲鱼捕捞、运输工具的准备；③鱼苗培育和销售的准备等。

一、催产剂的种类

目前，家鱼人工繁殖生产中常用的、效果显著的催产剂（又称催情剂），主要有 3 大类：促黄体素释放激素类似物（2 号 LHRH – A_2、3 号 LHRH – A_3）（图 2.2）、绒毛膜促性腺激素（HCG）和地欧酮（DOM）等。

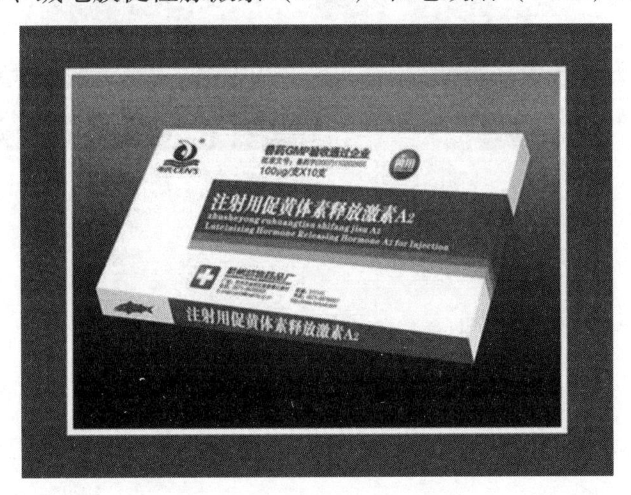

图 2.2　注射用促黄体释放激素

此外，近年生产的促排卵素 3 号（LHRH – A_3）效果较好，促黄体素释放激素类似物（LRH – A）与地欧酮（DOM）配合使用，能增强 LHRH – A

的催产效果。

二、催产池

催产池又称产卵池。催产池的形状一般采用椭圆形或圆形，面积60～100平方米，其附属设施有收卵设备（收卵网箱）以及排水管道、拦鱼栅等，催产池应建在靠近亲鱼培育池和孵化环道的地方，有利于亲鱼运输和鱼卵的收集，并有良好的水源和进排水设施。生产中以圆形产卵池（图 2.3）较为理想。

图 2.3　圆形产卵池

三、亲鱼的催产时间

草鱼人工催产的最佳时间要根据当地的气候、水温和亲鱼的性腺发育情况来确定。北方地区一般在 5 月底至 6 月底，适宜的催产水温为 20～28℃，最佳水温为 22～26℃。

自然界中的物候指标如：小麦发黄、油菜结籽等，也可作为确定催产时间的参考依据。

四、亲鱼配组和待产亲鱼的选择

1. 雌雄鱼的配比

一般雌雄亲鱼的配组比例以1∶1.5较好，如雄鱼数量不足时，最低也不应低于1∶1。如果采用人工授精，雄鱼可少于雌鱼，1尾雄鱼的精液可供2~3尾大小相等的雌鱼卵子受精。配组时同一批催产的雌雄鱼，个体大小要大致相同，或雄鱼较雌鱼略小，不可大小相差太大，以保证繁殖同步和顺利产卵、受精。

2. 待产亲鱼的选择

培育的亲鱼在待产的前2天停食，经精心捕捞后集中在网中，就可选择成熟度较好的亲鱼进行催产。鉴别亲鱼成熟度的经验方法为“看、摸、挤”。一看亲鱼腹部大小、卵巢轮廓及流动情况，看生殖孔的形状和颜色等；二摸亲鱼腹部的柔软程度，腹壁的薄厚和弹性如何；三挤雄鱼腹部至生殖孔和肛门，有无粪便和精液流出（图2.4）。

图2.4　待产亲鱼

成熟较好的亲鱼腹部膨大，柔软而有弹性。雌鱼腹部朝上时可见两侧卵巢下垂的轮廓，腹部中间呈凹陷状，生殖孔微红润；腹部肌肉较薄，腹部松软而有弹性；一般无粪便，轻压雄鱼腹部有白色精液流出，入水即散。也可借助挖卵器，采用挖卵检查的方法来鉴别雌鱼性腺发育的成熟度。

此外，应选择鱼体完好无伤、活泼健壮的亲鱼，受伤严重的亲鱼会由于无力完成产卵、排精而造成滞产，应弃用。

五、催产剂的注射

亲鱼选好后，可放在布夹内，在池塘边进行催产剂注射。

1. 注射液的配制

催产剂要先溶解在注射用生理盐水中（0.6%氯化钠溶液）。如果用绒毛膜促性腺激素或促黄体生成素释放激素类似物，可直接溶解于生理盐水中；若用脑垂体则需要先在研钵中研碎，然后加入生理盐水充分搅匀，制成悬浊液，有条件的可将悬浊液离心后使用上清液效果更佳。

无论使用哪种催产剂，都应根据每一批的亲鱼数量、注射剂量，推算出该批总催产剂量，再进行随时配制，现配现用，配制过早催产剂会失效。

注射针头一般为6~7号，注射前将注射筒和针头在沸水中煮20分钟进行消毒。

注射液根据亲鱼的大小，每尾鱼约注射2~3毫升。

2. 注射剂量和次数

催产剂的注射剂量是根据催产孵化的时间、水温高低和亲鱼的成熟度来灵活控制。一般催产初期、水温较低和亲鱼性腺发育差时，剂量可适当加大；催产盛期、水温较高和亲鱼性腺发育较好时，剂量可适当减少。

催产剂注射次数依据催产剂种类和亲鱼性腺成熟度等来决定。如果1次注射后效果较好，可不进行2次注射；对成熟较差的亲鱼，可采用2次注射。如采取2次注射时，第一次的注射量控制在全量的1/10左右，如第一次剂量过大，会引起早产。

使用鱼类脑垂体性腺激素（PG）时，草鱼雌鱼剂量为3～5毫克（干重）/千克体重，雄鱼剂量减半，采用1次注射，若雄鱼采用2次注射时，可在雌鱼打第二针时雄鱼同时注射；使用促黄体生成素释放激素类似物（LRH－A）时，草鱼雌鱼剂量为5～10微克/千克体重，此剂量反应灵敏，效应时间稳定，不需进行2次注射，雄鱼剂量减半，1次注射。

3. 注射方法

可采用体腔注射或肌肉注射两种方法，生产上一般多采用体腔注射法。具体方法：将注射针头在亲鱼胸鳍基部无鳞的凹陷处，朝头部前上方与鱼体轴成45°～60°刺入1.5～2.0厘米，以穿透体壁肌肉达体腔为度，把催产剂徐徐注入鱼体腔内。肌肉注射部位在侧线与背鳍间的背部肌肉处，用针头向头部方向鳞片下刺入约2厘米，注入催产剂。注射后的亲鱼要迅速放入催产池待产。

需要注意的是，为了便于收集鱼卵等生产操作，需要将亲鱼产卵时间调整在早晨或上午，就可根据效应时间来确定适当的注射时间。另外，在注射操作过程中，如亲鱼突然挣扎扭动，须迅速拔出针头，不要强行注射，以免针头弯曲，刺伤鱼体，等鱼安静后再行注射。

4. 效应时间

效应时间是指亲鱼一次注射催产剂后，到开始发情产卵所需的时间。效应时间的长短一般与亲鱼性腺成熟度、亲鱼年龄、种类、水温、水中溶解氧高低、催产剂种类、质量及剂量、注射次数有关。

水温较低时效应时间较长，水温较高时效应时间较短。一般水温每相差1℃，效应时间就要增加或减少1～2小时，若超过催产适温范围，效应时间会有变化，将对亲鱼产卵及受精、孵化产生不利影响。注射LRH－A比注射脑垂体、HCG效应时间要长5～6小时，而注射HCG比注射脑垂体效应时间要长1～2小时。一般2次注射比1次注射的效应时间短。草鱼和鲮鱼效应时间较短，鲢鱼居中，鳙鱼、青鱼略长，草鱼在水温24～25℃时，1次注射脑垂体的效应时间为10～12小时，而注射LRH－A的效应时间为15～18小时。

六、亲鱼产卵和受精

草鱼孵化时，常采用自然产卵受精法，获取受精卵。具体操作方法：草鱼亲鱼经注射催产剂和雌雄配组后，放入产卵池中待产，当亲鱼性腺发育成熟极佳，体质非常健壮时，由于促性腺激素的作用，促使亲鱼性腺分泌性激素。在预定的效应时间内，雌雄鱼可以产生发情追逐行为，雄鱼不断用头部撞击雌鱼腹部，相互摩擦，并不时地颤动胸鳍。发情达到高潮时，雌鱼开始产卵，雄鱼同时排精，精、卵在水中结合而受精，成为受精卵。

一般在发情前2小时左右开始向产卵池中冲水，以便收集鱼卵。发情约半小时后，要注意及时观察集卵箱是否有卵出现，当产卵后1小时左右卵膜吸水膨胀完全后，要及时将卵从集卵箱中捞出，运送至孵化器中孵化。

七、亲鱼产后护理

催产后的亲鱼体力消耗很大，特别是操作时常有机械损伤、鳞片脱落或鳍条撕裂充血红肿等现象，此时，如护理不及时，将会引起死亡。

具体护理环节包括：

①检查产卵情况，对半产卵或不产卵的亲鱼，要轻压腹部，将卵子挤出，

若生殖孔堵塞，要疏通生殖孔，以防吸水膨胀。

②将产后亲鱼放入环境安静和水质清新的池塘暂养，让其充分休息。暂养池每亩施呋喃唑酮30～50克，每周1次，连续3～5次。暂养期间以投喂全价饲料为主，并投喂少量青饲料，不宜施肥。

③受伤亲鱼要进行伤口处理。对受伤的亲鱼，需涂擦药物或注射抗菌素。体表受伤较轻者，可用紫药水、消炎药膏等涂擦伤处，以防溃烂或长水霉。受伤严重者，除体外消炎外，还需按每千克体重注射兽用青霉素10毫克或按5～8千克体重的亲鱼注射10%磺胺噻唑钠1毫升（含0.2克药）进行预防，有的要注射保健剂，以增强亲鱼代谢和抗病能力。

④加强管理，保持池塘水质清新活爽，刺激亲鱼食欲，促使早日恢复体质。

⑤起捕、催产过程中，要求网具眼小、衣长、线软，以提高起捕率，减少机械损伤。注射催产剂时，动作要快，尽量让亲鱼不离水，带水搬运。

第三节　人工孵化

人工孵化是指将受精卵放入孵化工具内，在人工管理的条件下，经过胚胎发育至孵化出鱼苗的过程。受精卵孵化成鱼苗是人工繁殖的重要环节之一，所以在人工孵化过程中，需根据受精卵胚胎发育的生理特性和对生态条件的要求，创造适宜的孵化条件，使胚胎正常发育，顺利孵出鱼苗。

一、影响胚胎发育的内在因素和外部环境条件

1. 影响胚胎发育的内在因素

影响孵化率的内在因素主要是精子和卵子的质量。高质量的精子，要求雄性亲鱼性腺发育良好，挤出的精液较多，呈乳白色，精子浓度高，活力强。

高质量的卵子，要求成熟度好，外观颜色鲜艳，卵粒大小均匀一致，卵膜吸水膨胀速度快，卵粒饱满，弹性强。只有成熟良好的卵，才会有较高的受精率和孵化率。这就要通过培育性腺成熟良好的亲鱼和掌握正确的催产技术，来获取高质量的精子和卵子。

2. 影响胚胎发育的外部环境因素

在人工孵化过程中，外部环境条件对孵化率的影响也至关重要，须高度重视。影响孵化率的外部环境因素主要有水温、溶解氧、水质和敌害生物等。

（1）水温

温度是与家鱼胚胎发育关系密切的外部环境之一。在适温范围内，温度愈高，发育愈快。过高或过低的温度都会引起不良的后果。家鱼胚胎发育的适宜水温为17～30℃，适温范围为（25±3）℃，最适宜温度温度为（26±1）℃，高于水温的上限（30℃）或低于下限（17℃），都会引起胚胎发育停滞、出苗率低、畸形增多和在发育中途大量死亡的现象。因此，在人工繁殖季节中，应该根据当地近期的天气变化状况，选择适宜的时间和水温进行催产，防止孵化期间水温的剧烈变化。

（2）溶解氧

水中的溶氧量，影响着鱼类胚胎的新陈代谢和孵化率。鱼类胚胎发育过程中，因新陈代谢旺盛需要大量的氧气，鱼卵在流水的条件下发育和孵化，就是为了满足水中有较高的溶氧量，一般孵化用水含氧量应在4～5毫克/升以上。在胚胎发育时期，孵化水中溶氧量低于1.6毫克/升时，就会引起胚胎发育迟缓、停滞、窒息死亡或畸形。在胚胎期的尾芽出现后，耗氧量为胚胎早期的2倍以上，孵出后68小时的仔鱼期的耗氧量达到最高峰，达到早期的10倍左右。

（3）水质

孵化用水必须经过筛绢过滤或必要的水处理，保持水质清新，并不能被污染，不含有毒物质，中性或弱碱性较好，pH 值保持在7～8。偏酸性水会使卵膜软化，失去弹性，易于损坏，形成畸形胎；而偏碱性水卵膜也会提早溶解。

（4）敌害生物

水体中会对鱼胚胎孵化造成危害的敌害生物有枝角类、桡足类等。它们不但消耗大量氧气，同时还能用其附肢刺破卵膜或直接咬伤仔鱼及胚胎，造成大批死亡，因此均必须彻底清除。在孵化环道里，剑水蚤是胚胎发育过程中和刚孵出仔鱼的主要敌害，其危害程度与其接触时间的长短和剑水蚤的密度有关。除此以外，小鱼、小虾及蝌蚪也是容易忽视的重要敌害生物。常用的清除敌害生物的办法是将孵化用水经60～70 目筛绢过滤，另外，在供水池中如发现剑水蚤较多时，可用90%晶体敌百虫加水溶解后全池泼洒，使池水浓度达到（0.2～0.5）$\times 10^{-6}$，以杀灭剑水蚤。

二、孵化器种类

草鱼卵为漂流性（半浮性）卵，通常采用流水孵化的方式。生产中常使用的孵化器有孵化环道（图2.5 和图2.6）和孵化桶（缸）等。

图2.5　圆形孵化环道

图2.6　椭圆形孵化环道

1. 孵化环道

孵化环道用砖和水泥砌成，常用的有圆形或椭圆形，环道数量有单环、双环和三环，孵化环道由环道、过滤纱窗、进排水管和集苗池等组成。供水水塔或蓄水池的最低水位应比孵化环道的最高水位高出1.5米，以保证环道内的水有足够的流量和流速，使鱼卵随水流上下翻动。环道放卵密度一般为每立方米水40万~80万粒。

2. 孵化桶（缸）

孵化桶（缸）由桶身、筛绢网以及网架、进水管和阀门、支架等组成（图2.7）。

图2.7 孵化缸

（1）桶身

一般用玻璃钢、PVC、白铁皮等材料制成。桶身上半部为圆柱形，直径80~150厘米，高30~80厘米；下半部为圆锥形，高40~50厘米。

（2）筛绢网和网架

为梯形圆柱体与桶身连接；采用钢筋网架，筛绢网网目一般为1~2毫米聚丙烯、铜丝和不锈钢材料。

（3）进水管和阀门

从桶底部进水，在桶内形成垂直水流，排水在桶身顶部通过筛绢网溢出。进水管和阀门直径 6 ~ 8 厘米，一般采用 PVC 材料。

（4）支架

可采用角钢，也可用砖石水泥砌成底座。

孵化桶结构简单、容易制作，具有轻便灵活、便于操作、孵化密度大、孵化率高等优点，因而使用较广泛。孵化桶放卵密度为每立方米水 100 万 ~ 200 万粒。

三、孵化管理

收集好的鱼卵在放入孵化器前要清除其中的杂物，然后计数放入孵化器中开始孵化。孵化过程中必须有专人值守管理，其主要工作包括：

①防止网纱破裂或堵塞，造成卵、苗溢出，应经常洗刷网纱上黏附的卵膜等污物。

②防止环道中的“死角”，避免卵、苗过分集中后，造成局部缺氧而窒息。

③保持一定水位和流速，水的流速以能冲起鱼卵、鱼苗，使之均匀分布在水中为度。水流过大，会使刚孵化出的鱼苗顶水游泳而消耗体力，或擦及网纱受伤，造成感染水霉菌而死；水流过小，会使鱼卵、鱼苗沉底，缺氧窒息。

④如水中浮游动物较多，应及时杀灭。

第三章 草鱼鱼苗、鱼种的培育

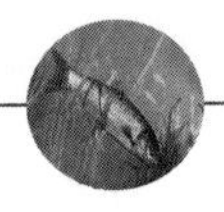

第一节　鱼苗、鱼种的生物学基本知识

一、专业术语解释

生产上鱼苗、鱼种一般是分阶段饲养，各阶段或时期的苗种都有一些习惯叫法。

鱼苗是指卵黄囊基本消失，鳔充气，能水平游泳和主动摄食的仔鱼，习惯上称“水花”。鱼种是指为各种商品鱼饲养方式提供的稚鱼和幼鱼。

“水花”经十几天的饲养，全长达17～22毫米，身体开始出现鳞片，这时的稚鱼俗称“乌仔头”；全长达30毫米左右的稚鱼，俗称“夏花”。

“夏花”经过几个月的饲养，到秋季的当年鱼（幼鱼）俗称“秋片”。

“秋片”经过越冬称为“春片”，“春片”一般可以作为养食用鱼的鱼种。

由于草鱼的商品鱼规格要求大，商品鱼饲养时需要放养2龄或3龄的鱼种。人们习惯上把当年鱼种称为“仔口鱼种”，把2龄以上的鱼种称为“老口鱼种”。

二、草鱼的鱼苗（水花）和夏花质量鉴别

1. 草鱼的鱼苗（水花）质量鉴别

鱼苗（水花）的规格和体质的优劣对于培育鱼种的成活率和质量具有重要影响。由于鱼苗受鱼卵质量和孵化培育过程中环境等条件的影响，体质有强有弱，因此在苗种培育前，要根据鱼苗体色、游泳情况以及挣扎能力来鉴别其优劣。

优质鱼苗的特点：鱼群体色相同，无白色死苗，身体洁净无污物，体色略黄或略红；在水盆中，将水搅动产生漩涡，鱼顶水游泳能力强；无水状态下，鱼苗在盆底剧烈挣扎，活力强（图 3.1）。

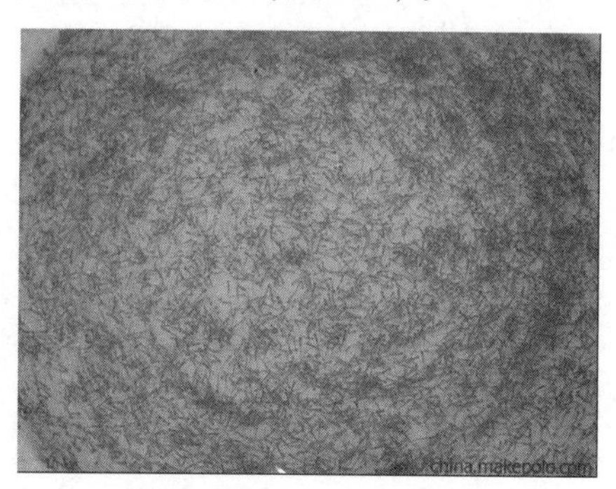

图 3.1　优质水花鱼苗

劣质鱼苗的特点：鱼群体色不一，掺有白色死苗，鱼体挂有污物，体色发黑灰；鱼苗顶水游泳能力差，或大部分被卷入漩涡；无水状态下，鱼苗在盆底挣扎力弱，仅头尾扭动。

2. 草鱼的夏花质量鉴别

草鱼夏花鱼种其形态特征已接近成鱼，可根据出塘规格大小、体色、活

动情况以及体质强弱来鉴别。

优质夏花的特点：同批次鱼出塘规格整齐；体色鲜艳有光泽；在池中喜集群，行动活泼，受惊后反应灵敏，并迅速潜入水底，抢食能力强；鱼在白瓷盆中挣扎激烈，鱼体丰满，鳍鳞完整，无异常状况（图3.2）。

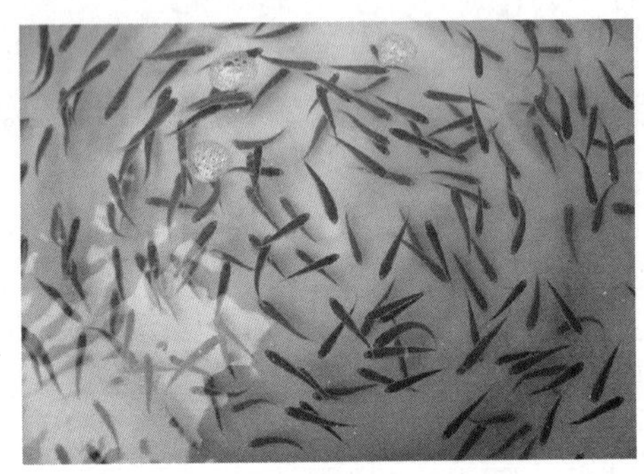

图3.2　优质夏花鱼种

劣质夏花的特点：同批次鱼出塘规格大小不一；体色暗淡无光，变黑或变白；在池中行动迟钝，不集群，在水面漫游，抢食能力弱；鱼在白瓷盆中很少跳动，体质消瘦，鳍鳞残缺，鱼体有充血或污物附着的现象。

三、草鱼鱼苗的食性

草鱼鱼苗从内营养转化成外营养以后，其食性的变化具有一定规律。刚孵化出的鱼苗均以卵黄囊为营养。当鱼苗体内鳔充气后，鱼苗除吸收卵黄外，也开始摄取外来食物。一旦卵黄囊消失，鱼苗就完全依靠摄取外界食物为营养物质。而此时鱼苗个体细小，体长仅0.6～0.9厘米，活动能力弱，再加之其口径小，鳃耙、吻部等取食器官尚未发育完全，因此鱼苗只能依靠吞食的方式来获取食物，而且只能吞食轮虫、无节幼体和枝角类等小型浮游动物。生产上将此时摄食的饵料称为“开口饵料”。

随着草鱼鱼苗的生长，个体增大，口径增大，游泳能力逐步增强，摄食器官也发育完善，其食谱范围逐步扩大。除其摄食方式仍为吞食外，食物个体也随着鱼苗体长的增长而增大，当体长0.7~0.9厘米时，摄食轮虫、无节幼体；1.0~1.5厘米时，摄食小型枝角类；1.5~1.7厘米时，摄食大型枝角类、底栖动物；1.8~2.3厘米时，摄食大型枝角类、底栖动物、植物碎屑；2.4~3.0厘米（夏花）时，摄食大型枝角类、底栖动物、植物碎屑、浮萍，此时可以开始投喂鱼种专用精饲料，进行驯化。

四、水环境因素对草鱼鱼种的影响

由于鱼苗体表无鳞，个体嫩小，游泳能力差，所以对鱼、虾、水生昆虫、剑水蚤等敌害生物的抵御能力弱，极易受到敌害生物的残食。

鱼苗对水环境因素的要求比成鱼要严格得多。如鱼苗要求水的pH值为7.5~8.5，如果长期处于偏酸性（pH值为7.0）或偏碱性（pH值为9.0）的水环境中，都会不同程度地影响其生长和发育；鱼苗对盐度和温度的适应能力也比成鱼差，其适宜盐度为不大于1.5‰，当水的盐度为3‰时，鱼苗生长缓慢，成活率低。对于5日龄的草鱼苗，当水温下降到13.5℃以下时，就开始出现冷休克，当水温下降至8℃时，则全部出现冷休克。因此，生产中将13.5℃作为早繁草鱼苗下塘的安全水温。

第二节　草鱼鱼苗的培育（水花鱼苗养成夏花鱼种）

鱼苗脱膜后4~5天，鱼体上的卵黄囊基本消失，鳔已充气，能主动开始摄食后，即可以下塘饲养。从此阶段培育到夏花鱼种为止，称为鱼苗培育。生产上将由鱼苗培育至夏花的池塘称为“发塘池”。

一、鱼苗培育池的条件

根据鱼苗的生物学特性和管理要求，鱼苗池的选择应满足下列基本要求：

①交通便利，水源充足，水质良好，无污染，供排水方便。

②池塘面积1～3亩，池深1.5～2米，水深1.0～1.5米，长方形，保水性好。

③池埂整齐坚固，无坍塌，池底平坦，无杂草，淤泥量适中（约15厘米）。

④池塘通风向阳，利于提高水温、有机物的分解和浮游生物的繁殖，还可使水中溶解氧保持较高水平。

二、鱼苗池的整塘和清塘

要将多年用于养鱼的池塘用作鱼苗培育池，必须进行整塘和清塘。

1. 整塘

就是排干池水，将池底推平，修补漏水处和裂缝，护堤、护坡，清除池底和池边杂草，清除过多的淤泥，为池堤种植农作物和青饲料来提供肥料。冬季应对无水的池底进行暴晒、冰冻，以杀灭病菌和敌害生物。

2. 清塘

主要是采用药物对池塘进行消毒，以杀灭淤泥中的寄生虫卵、大型有害水生昆虫、有害菌类、鱼类的病原体和敌害生物。清塘工作一般在放养鱼苗前10～15天，选择晴朗的天气进行。

目前，常用、环保、效果较好的清塘药物主要有生石灰（图3.3）和漂白粉（图3.4）。其中使用生石灰清塘，不仅能减少鱼病的发生，改良池塘底质，而且还具有调节池水酸碱度（pH值），增加水中钙离子含量的作用。

使用生石灰清塘有两种方法：一是干法清塘（图3.5），即将池水基本排干，池底积水6～10厘米，然后在池底挖若干小坑，将生石灰分别放入小坑中加水溶化，在冷却前即向池中均匀泼洒。一般每亩池塘的生石灰用量为60～75千克，池底淤泥较少时用量为50～60千克。清塘第二天需用铁耙耙动塘泥，使石灰浆和淤泥充分混合，以提高清塘效果。二是带水清塘。即不排池水，将刚溶化的石灰浆全池泼洒。每亩水深平均 1 米的池塘生石灰用量为 125～150 千克。值得注意的是，清塘所使用的石灰必须是块状的生石灰，而不是粉状的熟石灰；使用生石灰清塘 7～10 天后药性自然消失，方可投放鱼苗。

图 3.3　生石灰

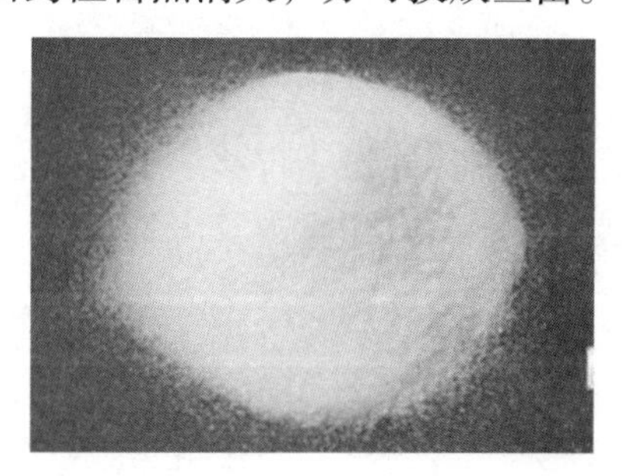

图 3.4　漂白粉

对于盐碱地的池塘，一般使用漂白粉进行清塘（图 3.6），这样不会增加池塘的碱性。使用漂白粉清塘的方法：首先计算池水体积，然后按照每立方米池水使用 20 克漂白粉（即 20×10^{-6}）的剂量，计算出全池的使用量。将漂白粉加水溶解后，立即全池泼洒。由于漂白粉遇水后挥发、腐蚀性强，并能与金属器具起作用。因此，操作人员应戴口罩，用非金属器具盛放漂白粉液，泼洒时站在上风处，泼洒过程中要不断搅动池水，使药物在水中迅速均匀分布，以提高清塘效果。使用漂白粉清塘约 5 天后药性自然消失，方可投放鱼苗。

图 3.5　生石灰干法清塘

图 3.6　漂白粉清塘

使用漂白粉时应注意的事项：

一是漂白粉极易分解失效，应密封、避光、干燥保存。

二是 pH 值太高的池塘不宜选用漂白粉，并且不可与碱性物质（如生石灰）混用。

三是水温太高对漂白粉的使用不利，全池泼洒应在傍晚进行。

四是漂白粉全池泼洒时应先溶解，稀释数倍后均匀泼洒全池。药渣不应倒入鱼池，以免被鱼误食造成中毒死亡。

五是漂白粉会降低浮游植物的光合作用及对营养盐类的吸收，不宜多用。

三、鱼苗下塘前的饵料培养

根据水源情况、池塘大小、管理水平、后期销售预期，来决定放养密度。水花下塘分“肥水下塘”和“清水下塘”两种方式。

1. “肥水下塘”

为了让鱼苗下塘后就能获得量多质好的适口饵料，必须在鱼苗下塘前（图 3.7），以施有机肥的方法来培育水中浮游生物，2 ~ 3 周后水中的轮虫数量达到高峰，此时鱼苗下塘就可有较丰富的开口饵料，这也是提高鱼苗成活率的关键环节。培育轮虫的具体方法：第一种方法是，在经过多年养鱼的老旧池塘塘泥中，储存有大量的轮虫休眠卵，在清塘放水达到 20 ~ 30 厘米时，用铁耙翻动塘泥，促使轮虫休眠卵上浮、萌发。一般翻动塘泥 7 天后，池水中轮虫数量明显增加，并出现高峰期。由于是池塘天然培育的轮虫，其数量不多，仅能满足鱼苗下塘后 2 ~ 3 天的饵料需求。第二种方法是，先清塘，然后根据鱼苗下塘的时间施用农家肥，来人工培育轮虫。如使用腐熟的粪肥，可在鱼苗下塘前 5 ~ 7 天，先泼洒（0.2 ~ 0.5）$\times 10^{-6}$的晶体敌百虫杀灭大型浮游生物，然后每亩全池泼洒粪肥 150 ~ 300 千克；如用绿肥堆肥或沤肥，可在鱼苗下塘前7~10天每亩投放200~400千克绿肥，绿肥应堆放在池塘四角，浸入水中，并经常翻动，以促进其腐烂。此法培育的轮虫数量要比天然生产的高出4~10倍，可满足鱼苗下塘后5~7天的饵料需求。推荐使用的农家肥为猪粪、牛粪，不用禽类粪肥。

图3.7　鱼苗下塘

如施肥过晚，池水中轮虫数量稀少，鱼苗下塘后因饵料不足，而影响生长；如施肥过早，水中轮虫高峰已过，大型浮游动物成为优势种，且个体大于鱼苗口径，鱼苗不但不能摄食，还与鱼苗争溶氧、争空间、争饵料，严重影响鱼苗的生长和成活率。此时，可用（0.2~0.5）$\times 10^{-6}$的晶体敌百虫溶液全池泼洒杀灭，并适量增施有机肥，两天以后再放养鱼苗。

池塘饵料生物充足，下塘起初2~3天可以不投喂，但要防范鱼苗因误吞气泡而发生的气泡病，如果发病，可泼洒食用盐，开动增氧机或者加注新水解救。

2. “清水下塘”

指不施基肥，在鱼苗投放前3~4天注入新水，鱼苗下塘后再泼洒豆浆进行培育。

四、鱼苗的锻炼和接运

运输前，鱼苗应在鱼苗网箱内暂养4～6小时，以锻炼鱼苗的体质和高密度耐受力。

目前常用鱼苗专用塑料袋见图3.8，加入袋内容量2/5的水量后装鱼苗运输。所用水水质应清新，无杂物，装鱼苗充氧密封后放入纸箱或泡沫箱中运输。每袋装鱼苗15万尾的安全有效运输时间为10～15小时，若每袋装鱼苗10万尾，安全有效运输时间为24小时。运输途中，还应根据天气和气温变化，防止风吹、日晒、雨淋，及时采取降温或保暖措施，并处理好漏水、漏气问题，同时，各运输、接应环节必须相互衔接，各司其职，密切配合。

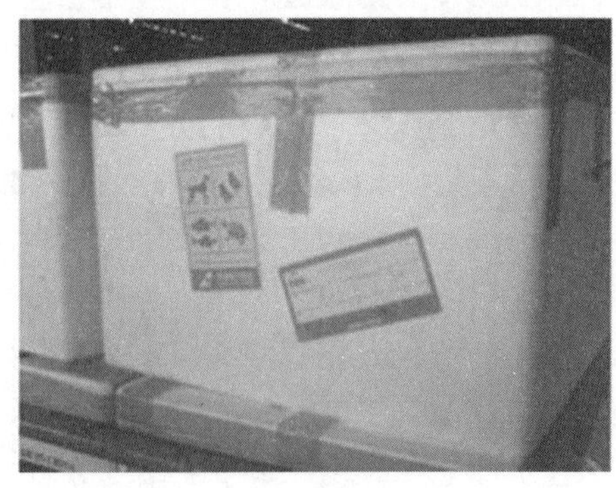

图3.8　运输鱼苗的包装

五、水温调节、鱼苗暂养和饱食下塘

经过长期、密闭运输的鱼苗，血液中二氧化碳浓度极高，处于麻醉甚至昏迷状态，如将鱼苗直接放入池塘，成活率会极低。因此，经长途运输来的鱼苗，都要先放入鱼苗箱中暂养。暂养前，扎好鱼苗网箱，再连袋带鱼一起放入池塘中约 15 分钟，待鱼苗袋内外水温基本一致后，打开包装将鱼苗缓缓放入鱼苗网箱中暂养。暂养期间，网箱外应开动增氧机来增加箱内溶氧。一般经过 0.5 ~ 1.0 小时后，鱼苗体质会基本恢复，并在网箱内集群逆水游泳。

鱼苗经暂养后，需投喂鸭蛋黄水，待鱼苗吃饱后，肉眼可见鱼体内有一条白线时，即可下塘。一般 10 万尾鱼苗约需一个鸭蛋黄。饱食下塘，就是为了加强鱼苗下塘后的觅食能力和提高鱼苗对新环境的适应能力。实践证明，饱食下塘可大幅提高鱼苗的成活率。

鱼苗适时下塘除了饵料条件要适合外，鱼苗本身生物学特征也是需要考虑的因素。研究表明，草鱼苗的适宜下塘的时间是鱼苗孵出 4 ~ 5 天后，此时鱼鳔充气，已能平游，处于混合营养阶段，需要开口摄食外界食物。过早下塘，鱼苗活动能力弱，易沉入水底而亡；过晚下塘，卵黄囊已完全吸收，鱼苗因无法获得足够的开口饵料导致营养缺乏，影响鱼苗的成活率。

必须强调指出，鱼苗下塘的最适水温应不低于 13.5℃，最适水温在 18 ~ 23℃。若鱼苗在晚上运到，池塘水温较低时，可将鱼苗放入室内提前预备好的容器中暂养（每 50 升水放鱼苗 4 万 ~5 万尾），并使水温保持在 20℃左右，要有专人值守，每 1 小时换 1 次新水，水温不宜相差 2℃，同时进行充气增氧，防止鱼苗缺氧浮头，待次日池水水温上升时，可再投喂 1 次鸭蛋黄，并调节温差适时下塘。

鱼苗放养的注意事项：

一是放苗前检查池塘。拉空网检查池塘中是否有野杂鱼，测定池水或放试水鱼检查清塘药物是否失效。

二是注意鱼苗的发育阶段。肉眼看到鱼鳔充气后10小时左右，将鱼苗放入池塘最好，过早或过晚都会影响成活率。

三是放苗时注意天气和水温。最好选择在晴天的上午放养，在池塘的上风处温差不超过4℃。

四是同一口池塘只放养同一批鱼苗，放养鱼苗的数量要准确。

六、合理确定鱼苗放养密度

具体的放养密度要根据培育池的条件、饵料、肥料质量、出塘规格要求、饲养管理水平来确定。密度过小，会造成池塘空间、饲料和人力资源的浪费，密度过大，则会影响鱼苗生长、出塘规格和成活率。一般将鱼苗养成夏花，鱼苗的放养密度为每亩15万~20万尾，如培育池条件好、饵料、肥料充足，饲养管理水平高，放养密度可适当加大，否则就减少。如需培育大规格鱼种，放养密度应适当稀些。

七、鱼苗下塘后的培育

鱼苗下塘的第一周应该精养细喂，以提高鱼苗的成活率。鱼苗培育技术要点包括：前期培养轮虫，中期培养“红虫”（枝角类），后期投喂精饲料，豆浆要泼洒得均匀，逐步注入新水。这样培育的夏花鱼种规格可超过3厘米。

1. 轮虫培养阶段

此阶段为鱼苗下塘后，经一周的培养鱼苗体长从7~9毫米增长到10~11毫米。该阶段鱼苗主要以轮虫为食（图3.9至图3.11）。豆浆富含蛋白质，能满足鱼苗的营养需要，大部分豆浆起肥水作用，促使水体中浮游生物的快速繁殖生长，间接为鱼苗提供饵料。为确保池中轮虫数量能满足鱼苗的摄食需求，鱼苗下塘当天就应当泼洒豆浆。制作鱼苗食用的豆浆时应把握以下几方面：浸泡黄豆时应以两瓣间的孔隙消失、泡软、泡透为度，浸泡时间依水温高低而定，通常用25℃的温水，浸泡时间为8～10小时，水温低时浸泡时间可长一些。一般每千克黄豆可制作豆浆17千克。磨浆时要将黄豆和水同时加入，每千克黄豆需加水10～12千克。豆浆磨好后不得加水，否则会造成沉淀。为延长豆浆颗粒在水中的停留时间，提高豆浆利用率，喂鱼苗时采用少量多次的方法。鱼苗下塘一周内，摄食能力不强，每天泼洒3次，时间为8：00—9：00时和14：00—15：00时满塘泼洒，17：00时沿塘边泼洒，每次泼洒量约为17千克/亩·次。每亩每天的黄豆用量为3千克。豆浆要泼得“细似雾、匀如雨”（图3.12）。并根据水色情况灵活掌握用量；鱼苗下塘15～20天，豆饼糊的投喂量应增加到4千克/亩·次。在鱼浮头时不要泼浆，否则会加重缺氧浮头；如要下雷阵雨或暴雨时，一定要少喂或不喂。

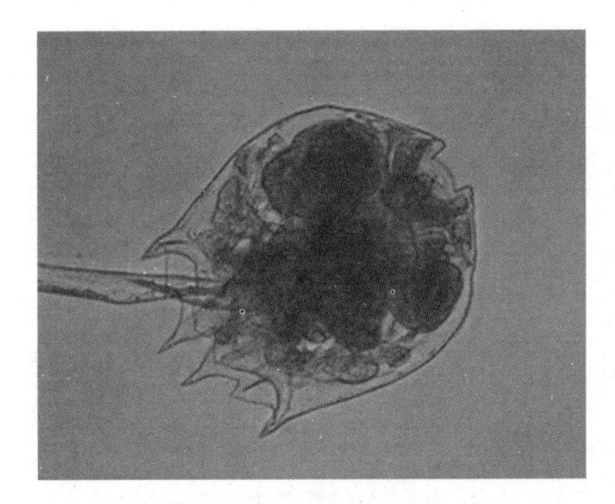

图3.9　壶状臂尾轮虫

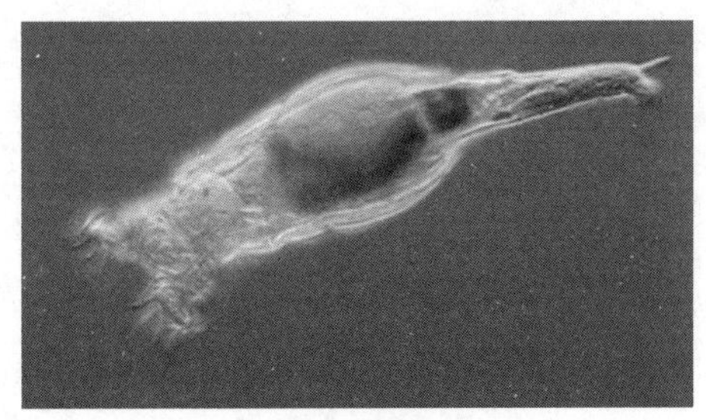

图3.10　纤毛轮虫

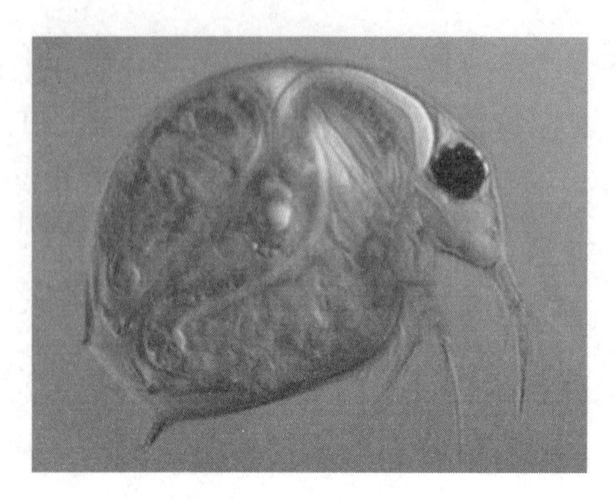

图3.11　玫瑰旋轮虫

图3.12　泼洒豆浆

2. 枝角类培养阶段

此阶段为鱼苗下塘饲养一周后，再饲养10天，鱼苗体长从10～11毫米增长到16～18毫米。此阶段鱼苗活力明显增强，并开始吞食枝角类（图3.13）。每天需泼洒豆浆2次，时间为8：00—9：00时和13：00—14：00时，泼洒量可增加到约35千克/亩·次。在此期间，选晴天上午追施1次腐熟粪肥，每亩100～150千克，化水全池泼洒，以培养大型浮游动物。为了加快枝角类的繁殖，需补加新水2次，每次提高水位15厘米。

3. 投喂精料阶段

此阶段为鱼苗下塘17天后，再饲养15天，鱼苗体长从16～18毫米增长到26～28毫米。此期由于鱼苗的摄食量的增加，仅靠泼洒豆浆和水中天然饵料，已不能满足鱼苗的生长需求，鱼苗也开始在池边浅水处觅食，此时每天可改投豆饼糊等精饲料，豆饼糊用量为2.5千克/亩·次，将豆饼糊均匀分散多处，堆放在离水面20厘米的浅滩处供鱼苗食用，可防"跑马"病的现象。由于此阶段是鱼苗生长的关键期，必须投喂足量的精饲料，以满足鱼苗的生长需求。需要强调的是，由于鱼体的不断增大，水体空间会相对缩小，就需

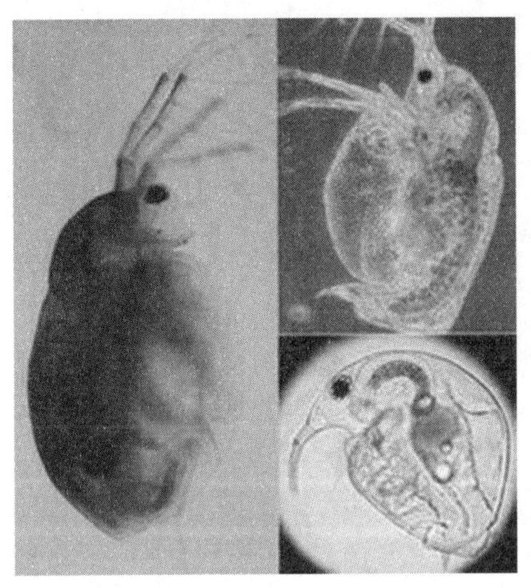
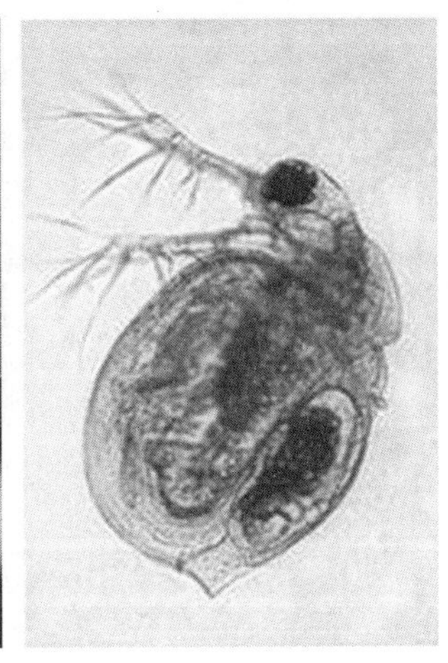

图 3. 13　枝角类

要及时添补新水，根据池水水色，可分 1 ~2 次将池水水位加至最高（约 1. 5 米）。注水时，须在入水口加设密网，以防野杂鱼和其他敌害生物流入池内。注水时应注意水体平直地流入池中，注水时间不宜过长，以免鱼长时间顶流，消耗体力，影响生长。

通常每养成 1 万尾夏花鱼种需黄豆 3 ~6 千克（图 3. 14），豆饼 2. 5 ~3. 0 千克（图 3. 15）。

图 3. 14　优质黄豆

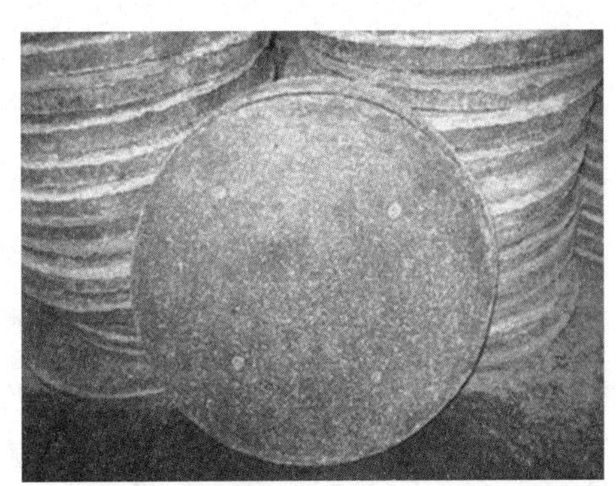

图 3. 15　豆饼

八、拉网锻炼阶段

鱼苗经过4周左右的精心饲养，体长长至31～33毫米，达到夏花规格，即可出塘。为了增强高温季节夏花鱼种对高密度刺激的适应能力、耐低氧能力，强化体质，适应长途运输和提高出塘率，在出塘前要进行拉网锻炼，即使夏花鱼种不外销，最好也要拉网锻炼（图3.16）。具体锻炼方法：在鱼苗培育的最后1周内拉网2～3次（图3.17），拉网前不能喂食，要停食一天。选择晴朗天气的上午9：00时进行，高温的中午不能拉网，拉网速度要慢，还要防止淤泥进入网内。第一次拉网时，将鱼苗集于网内，提起网衣时要使鱼不离开水面，防止鱼苗贴网，让鱼聚集在一起蹦、窜，检查鱼苗体质状况，约20秒后放回池内，下午可正常投喂；第二网要隔天进行，最好将池内鱼种全部拉尽（必要时可补拉1网），将鱼放入网箱，使用鱼筛（图3.18）进行清杂、除野、过数（或估数）（图3.19），保持网箱内水质清新，并在池内移动网箱，或开动增氧机搅水增氧，防止鱼浮头，时间约2小时，如果就近分塘放养夏花，此时即可出塘。如果要长途运输，应将鱼再次放回池塘，隔1天后再用同样的方法，进行第三次拉网锻炼，并将鱼种放入水质清新的池塘网箱中过夜、停食暂养，暂养期间要有专人看护，主要是防止发生缺氧浮头、死亡事故。

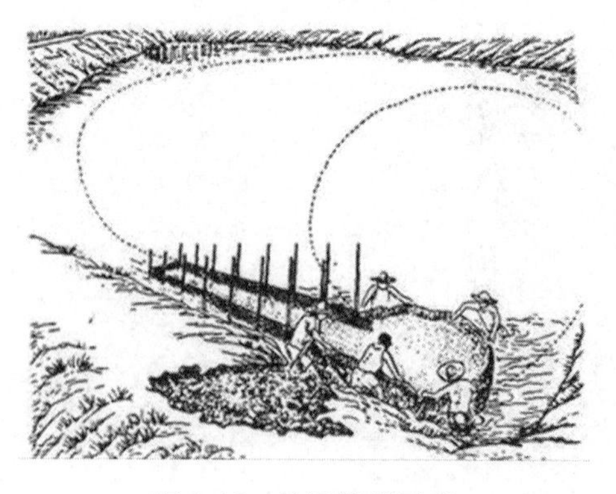

图3.16　拉网锻炼示意

图 3. 17　鱼苗拉网

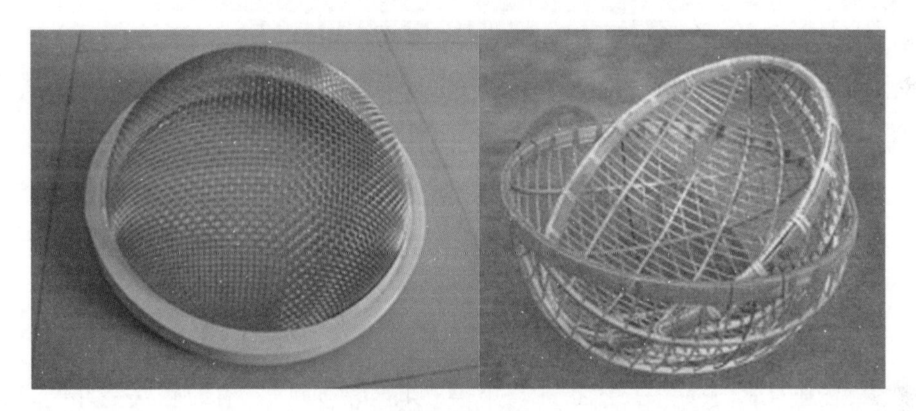

图 3. 18　鱼筛

图 3. 19　鱼苗清杂、过数

九、日常管理

鱼苗培育期间，必须建立严格的岗位责任制，做到明确职责，精心管理。日常管理的主要工作内容包括：每天巡塘 3 次，检查鱼苗是否浮头，消灭有害昆虫及其幼虫，及时清除蛙卵；检查鱼苗活动情况，清除池中杂草；做好池塘水质、天气状况、水温、投饵施肥数量、注排水情况及鱼苗吃食情况的记录；发现病害及时提前做好预防治疗。

第三节　草鱼鱼种的培育（夏花鱼种养成大规格鱼种）

草鱼鱼苗养成夏花后，鱼体体长、体重均大幅度的增加，原培育池密度过大，限制了鱼的生长。因此，必须及时分塘搭配稀养，以提高鱼种成活率和培育适合商品鱼养殖所需的大规格鱼种。而且，大规格鱼种体质健壮，成活率高，生长快，这就为池塘养鱼高产高效、优质低耗打下了良好的基础。草鱼从鱼苗养成商品鱼一般需要 2 ~ 3 年的时间，所以，有时还需要培育 2 龄草鱼鱼种。

一、1 龄草鱼鱼种的培育

1 龄鱼种的培育期一般是从夏花鱼种到 1 冬龄鱼种（图 3. 20）。

1. 鱼种池的选择及准备

鱼种池面积以 5 亩左右为宜，水深约 2 米，保水性好，注排水方便，按每亩 0. 3 千瓦的标准配备增氧机。每亩池塘用生石灰 125 ~ 150 千克消毒。

图 3.20　1 龄草鱼种

2. 优质夏花鱼种的选择

选择规格和体质优良的夏花对培育优质大规格鱼种具有十分重要的意义。在有条件时，要对夏花鱼种进行舍劣取优的工作。优质草鱼夏花应具有的特点：白天在水下层活动，喜集群，行动活泼；受到惊吓时反应灵敏，投饵时抢食能力强；鱼体丰满，体色有光泽，体表无污物，鳞片完整；顶水能力强，离水后鳃盖不立即张开，等等。

3. 鱼种池水质培养

尽管夏花鱼种的食性已接近成鱼，但是还十分喜食大型浮游动物，且利于其快速生长发育。因此，在夏花下塘前要对鱼种池水进行施肥培养，以培育浮游生物。培养水质的方法：在放苗前一周先注入 30 厘米深的新水，并每亩施约 500 千克的有机肥，隔两天再加水 50 厘米。施肥 1 周后，应注意观察浮游生物量，水色呈淡黄色或淡油绿色，即枝角类高峰期，这时可下塘。有条件的还应在池中培养芜萍或小浮萍，作为鱼种的适口饵料。

在整个鱼种培育期，要求水质清新、溶氧丰富。水质具体指标如下：水温尽可能保持在 20～32℃，溶解氧一般要达到 5 毫克/升以上，pH 值保持在 7.0～8.5，水体透明度保持为 30 厘米左右，氨氮、硫化氢等有害物质含量控制在不影响鱼种正常生长的范围内。

4. 放养模式

一般包括鱼种放养的密度、出塘规格、单养或混养。夏花放养的密度主要依据饲养商品鱼所需的放养规格来确定。鱼种出塘规格大小主要根据草鱼和配养鱼的放养密度、池塘条件、饵料供应情况、设备配套情况以及饲养管理水平来定。为了充分利用池塘水体和天然饵料资源，提高池塘的生产力，一般生产上通常采用草鱼和鲢鱼、鲤鱼混养的方式培育鱼种（表 3.1）。

表 3.1　草鱼夏花放养模式与出塘规格

种类		放养量（尾/亩）	出塘规格	放养量（尾/亩）	出塘规格	放养量（尾/亩）	出塘规格	放养量（尾/亩）	出塘规格
主养鱼	草鱼	2 000	50～100 克	5 000	13.3 厘米	8 000	12～13 厘米	10 000	10～12 厘米
配养鱼	鲢鱼	1 000	100～125 克	2 000	50 克	3 000	13～17 厘米	5 000	12～13 厘米
	鲤鱼	1 000	13～15 厘米	1 000	12～13 厘米				

从表中可以看出，放养密度和出塘规格之间存在很大的相关性，即密度越大，则出塘规格越小。为了提高草鱼对饵料的争食能力，确保其生长优势和达到较大的出塘规格，生产上应该采取草鱼提前下塘，配养鱼推迟下塘的方式，即采用比常规夏花提前繁育 20 天以上的早繁草鱼夏花来培育，作为配养鱼的鲤鱼、鲢鱼要推迟 30 天以上放养。生产实践证明，采用此法，草鱼出

塘规格和总产量均有明显提高。

5. 鱼种饲养方法

草鱼鱼种在饲养过程中，由于所投喂的饲料的不同，可将饲养方法分为以下 2 种：

（1）以天然饵料为主，精饲料为辅的饲养方法

草鱼天然饵料除了浮游动物外，还有芜萍、小浮萍、苦草、轮叶黑藻等水深植物及嫩鲜的禾本科植物；精饲料主要有饼粕、豆渣、麦类、玉米等。

1 龄草鱼生长快、抢食凶，群体间由于吃食不均匀容易造成个体规格有差异；另外，1 龄草鱼食量大，但消化率低，个体较大的鱼种会由于摄食过量而造成消化不良、肠炎等疾病，甚至会造成大批死亡。因此，在此阶段要注重饲料的投喂技巧，最大程度的减少鱼种因病害造成的损失。

天然饵料在池中分布均匀，易摄取，鱼喜食，且新鲜、适口、营养价值全面。因此，摄食天然饵料的 1 龄草鱼生长快、个体大、规格均匀、体质健壮，其产生的粪便及腐屑多，也促进了滤食性和杂食性鱼种的生长。而精饲料，不易消化，投喂不均时，会造成鱼种生长差异，鱼体还容易积蓄脂肪而抑制生长。一般草鱼种的天然饵料的摄食量为鱼体重60%～100%，精饲料的摄食量为鱼体重的 5% 左右。因此，要获取高品质的鱼种，有条件的，就尽量采用适口的天然饵料来饲养。

在北方地区，受季节、天气、种植培育条件和采集水域等因素的限制，天然饵料往往供不应求，在无法满足生产需求时，就必须及时投喂精饲料加以补充。

为了解决饲养过程中由于吃食不均匀而造成的个体规格大小差异的问题，最有效的办法就是经常轮捕，捕大留小，始终保持同池的鱼种规格均匀，确保鱼种吃足、吃好、吃匀。同时，根据鱼种的生长，及时降低草鱼鱼种的饲

养密度，可将长至50克左右的鱼种在轮捕时筛出，套养在成鱼池中，在成鱼池中，成鱼个体大，抢食能力强，草鱼种不会摄食过量，而且病害少，生长快，出塘规格大。

（2）以配合饲料为主的饲养方法

配合饲料相比精饲料，具有以下优点：营养全面且不易流失，可减少浪费，适口性好，消化率较高（如淀粉类、豆饼类等饲料在加工过程中，因受热而更易被鱼体消化吸收）。但利用配合饲料养鱼的生产成本相对提高，属于高投入、多产出的养殖方式。

根据草鱼鱼种生长发育不同阶段对蛋白质的要求不同这一特点，选择饲料蛋白质含量应掌握以下原则：体长5厘米前，饲料中蛋白含量要达到40%～45%；体长6～7厘米时，饲料中蛋白可降至35%～30%；体长10厘米后，饲料蛋白可降至28%～25%，并添加蛋氨酸、赖氨酸、无机盐、维生素合剂等，加工成硬颗粒或膨化颗粒。以上是草鱼种最佳生长速度的蛋白质含量，若从生产成本和最佳经济效益看，饲料蛋白质含量可适当降低。除夏花下塘前施基肥外，饲养期间不再施肥，不投粉状料、变质料，以保持水质清新。

驯化鱼苗上浮集中吃食是配合饲料饲养草鱼的关键技术（图3.21）。具体驯化方法是：在池边上风向阳处，搭建伸向池内4米左右的固定投料台，草鱼夏花下塘后的第二天即可开始人工投饲驯化。每次投饲前先在投料台上敲击铁桶，然后每隔10秒撒一小把饲料，无论是否有鱼吃食，仍要每天投喂4次，一般一周内就能成功使草鱼苗形成集中上浮吃食的条件反射，此时，可使用自动投料机投喂。经过驯化后的草鱼，不仅能提高饲料的利用率，减少散失，而且能促使鱼种白天能在水温高、溶氧充足的水的上层活动，来刺激鱼的食欲，提高饵料消化吸收能力，促进生长。

夏花鱼种驯化好后，采取少食多餐的方法进行投喂，每天投饵2～4次，7月中旬后可增加至4～5次，投喂时间一般在上午9：00时至下午16：00

图 3.21 鱼种驯化

时，每次投喂时间须达 20 ~ 30 分钟，并随时掌握鱼的吃食状况，使鱼的饱食程度控制在 85% 左右。到 9 月下旬后投喂次数可减少，10 月每天投喂 1 ~ 2 次。根据鱼苗的生长状况，选择并及时调整颗粒饵料（图 3.22）或膨化饵料的粒径大小（图 3.23），确保鱼种摄食适口，一般 10 克以下的鱼苗鱼种，可选择 0.2 ~ 0.5 毫米大小的颗粒，10 ~ 50 克的鱼种，可选择 2.5 ~ 3.5 毫米粒径，长度 4 ~ 5 毫米的颗粒饲料。不论使用哪种饵料，其在水中应具有较好的稳定性，以颗粒入水后半小时内仍不自行溃散为佳。

图 3.22 夏花破碎料

图 3.23 浮性鱼种饲料

在养殖的前、中、后各个时期，投饵要根据天气、水温、鱼种的活动情况以及吃食情况适当调整，其调整频率一般在 7～10 天，投喂量以 80% 的鱼吃饱为宜。可在喂鱼时，捞出数十尾鱼种，计数称重，求出平均尾重，然后推算出全池鱼种的总重量，再参照日投饵率表算出该池当天的投饵数量（表 3.2）。

表 3.2　草鱼种日投饵率参照表（投饵量占鱼体体重的%）

水温（℃）	鱼体体重（克）				
	1～5	5～10	10～30	30～50	50～100
15～20	4～7	3～6	2～4	2～3	1.5～2.5
20～25	6～8	5～7	4～6	3～5	2.5～4
25～30	8～10	7～9	6～8	5～7	4～5

养殖过程中高效使用好全价配合饲料，掌握好“四定”、“四看”原则，可提高投饵效果，降低饵料系数，从而达到事半功倍的效果。

定时：在正常气候条件下，选择水温适宜、溶氧较高的时间定时投饵，可以提高鱼的摄食量，有利于鱼类生长，并使鱼类形成按时吃食的习惯。一般每天上午 8：00—9：00，中午 12：00 时和下午 16：00—17：00 时各投喂饲料一次。如遇天气变化或浮头时，则推迟或停止投喂。

定位：投饵必须固定地点，使鱼类集中在一定的地点吃食，这样可以减少饵料浪费，便于检查鱼的摄食和活动情况，便于清除残饵和进行食场消毒，在鱼病发生季节，还便于进行鱼体药物消毒，防治鱼病。投喂青饲料时，可用竹竿搭成三角形或方形框架，漂浮于水面上并固定，将青饲料投在框内。

定质：选择适合鱼种不同阶段的正规大厂家生产的适口全价配合饵料，确保饵料新鲜，不腐败变质，饵料的粒径大小要适口。饵料要正确储存于阴凉干燥通风处，防晒防潮。所投青饲料需新鲜、无根、无泥、无污染，鱼喜食。

定量：日投饵量要根据水温、天气、水质和鱼的吃食情况灵活掌握，不可过多或忽多忽少，让鱼吃食均匀，以提高鱼类对饵料的消化吸收率，减少疾病，有利于生长。水温在25～32℃，饵料可多投，水温过高或过低，则少投。天气晴朗可多投，天气不正常，池水缺氧时，应减少投饵或停食。水质较瘦，水中有机物耗氧量小，可多投，水质肥，则少投。及时观察鱼的吃食情况，如投饵后鱼很快吃完，下次投饵量应适当增加，若长时间吃不完，剩余饵料较多时，则应减少投饵量。

6. 鱼种饲养阶段的注意事项

①鱼苗放养初期，由于密度小，水质清新，水温适宜，天然饵料充足、适口、质量好，草鱼种生长迅速，此阶段应注意培育池中天然饵料的变化，采取措施始终保持丰富的天然饵料。当后期天然饵料不足时，可及时投喂浮萍或轮叶黑藻，也可投喂切碎的嫩陆草或菜叶。并设置青饲料食台。当草鱼吃完饲料后，立即开增氧机，时间要达到1小时以上。

②到7—8月高温季节，夜间容易缺氧，应注意雷暴天气，适当控制投饲量和次数，夜间不投喂。投喂时需先投草料，让草鱼吃饱，再投青饲料补充，供其他鱼种摄食。鱼种吃食好，需要增加投喂量时，要做到循序渐进，避免一次性加料过多过猛，从而导致鱼消化不畅，造成肠炎和烂鳃病害发生。

③水中溶氧量的高低，对鱼的摄食及摄食后消化吸收和鱼类的生长有直接的影响。水中的溶氧量低，鱼类食欲差，易出现厌食，摄食后饲料消化吸收低，其生长就慢，而饵料系数就高。鱼类的营养物质代谢过程，必须有足够的氧气，才能发挥作用，因此水中溶氧不足时必影响新陈代谢活动的进行。营养物质不能充分被利用，造成对饲料的浪费，养殖水质控制与鱼类对营养物质的需要和利用有着密切关系，因此投喂时应注意水中溶氧量和天气的变

化。一般天气正常，太阳出来 2 小时后，池塘水中的溶氧可达 4 毫克/升以上，此时投喂效果最好。如果持续几天阴天，尽量少投喂或不投喂。从 7 月开始，每天中午开机增氧 1 ~2 小时，8 月以后每天黎明也要开机 2 小时，确保池塘水体不缺氧，在阴雨天以及气压低的时候，要随时开机增氧（图 3. 24），使水体溶氧保持在每升 4 毫克以上，满足鱼种对溶氧的需求（图 3. 25）。

图 3. 24　叶轮式增氧机

图 3. 25　叶轮式增氧机启动效果

使用高效节能微孔曝气底部增氧机的优点（图 3. 26 和图 3. 27）：

一是高效节能，大量减少水体的能源消耗，可在短时间内提高整个养殖水体中的溶氧。一台 0. 75 千瓦底部增氧机的增氧量大于等于 4 台 1. 5 千瓦水车式或浮球式增氧机的增氧量。

二是造价成本低，节约用电 75%，易维护，没有移动器件，维护费用低。

三是节约用水、逐步改良水质，实现少换水或不换水，促进环保型养殖。

四是增强鱼种的生命力，减少病害发生率，促进绿色健康型养殖。

五是高产量，高效益，增加养殖密度，提高投饲率和投饲频率。

图 3.26　微孔增氧气泵及曝气盘

图 3.27　微孔增氧机启动效果

④鱼种放养后，每周注水 1 次，每次深 10 厘米左右，到 7 月中旬水位达到 1.5 米，以后以换水为主，每 5 天换水 1 次，每次排水深 20 厘米左右，再注水 30 厘米深，先排水后注水，到 8 月上中旬时池塘水位保持在 2 米左右。8—9 月水温高时，每 4 ~ 5 天换水 1 次，每次 40 厘米深左右。秋季以后每 10 天换水 1 次，每次 10 ~ 20 厘米深。每隔 2 ~ 3 天，换水 15 厘米。

⑤做好鱼病防治。应确保饵料新鲜、适口，当天投饵，当天吃完，及时清理食台。每半个月使用光合细菌（图 3.28）、EM 菌（图 3.29）或光合硝化细菌（图 3.30）等微生物制剂，以改良池塘水质和底质，使水体微生态呈良性循环，消除水体中的有害物质，抑制青苔、杀菌，保持良好水质。每半个月投喂一次药饵，每次 3 天，每天 2 次，选择吃食最好的 2 次投喂。常用药物包括三黄粉、大蒜素、板蓝根等，来预防肠炎、烂鳃、肝胆综合征的发生。将药物添加到饵料中加工制成药饵，也可根据需要把药物溶于适量水中喷布到颗粒饲料上晾干投喂。

⑥当水温下降，病害减少时，就进入鱼种育肥阶段，此时可投足饵料，日夜吃食，并施适量粪肥，以促进滤食性鱼类生长。

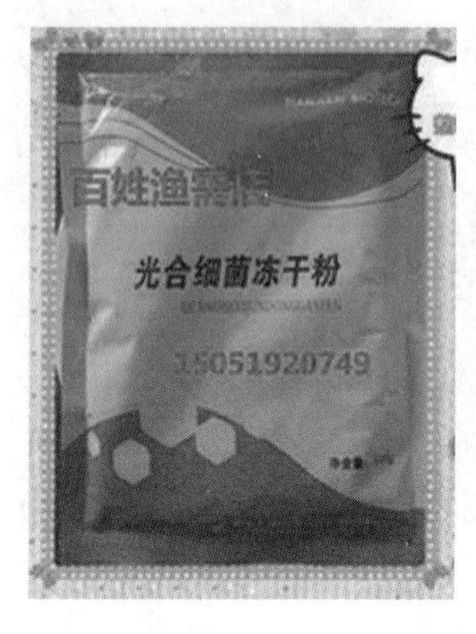

图 3.28　光合细菌

图 3.29　EM 菌

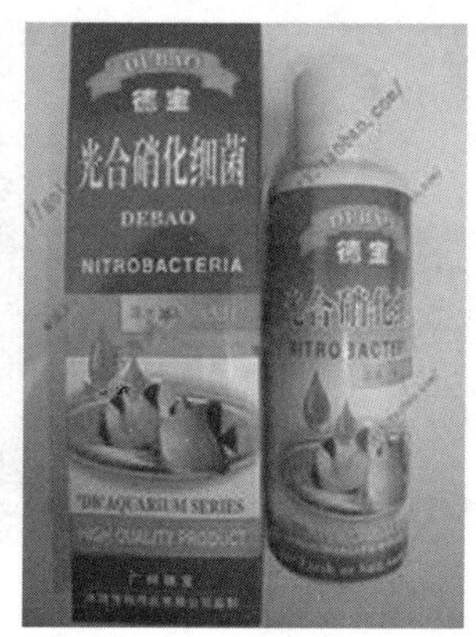

图 3.30　光合硝化细菌

7. 并塘越冬

秋末冬初，当水温降至 10℃左右时，鱼种基本停食，就应将鱼种并塘越冬。有的养殖单位在商品鱼销售之后，随即进行清整池塘，放养鱼种工作可接着进行，不需进行鱼种的并塘越冬。如需并塘越冬，应注意谨慎操作，越冬池应该背风向阳，面积 2 ~ 3 亩，水深 2 米以上，越冬前对越冬池施用化肥，以保持池水有一定的肥度。越冬鱼种以单养为宜，天气晴朗时，一般每周投饵 1 ~ 2 次，以保证越冬鱼种不掉膘，提高鱼种的体质和越冬成活率，投饵率以 0.2% 计。冬季冰封期，应采取打冰眼、加注新水等措施增氧，同时提高水位，稳定水温，改善水质。通常规格 10 ~ 13 厘米的鱼种每亩可放养 5 万 ~ 6 万尾。

并塘拉网应在天气晴朗，水温 5 ~ 10℃时进行。如水温高，鱼活动能力强，耗氧大，鱼体容易受伤；在严冬和下雪天，水温过低，不能并塘，否则鱼体会冻伤，造成鳞片脱落出血，易伤水霉；拉网前鱼种应停食 3 ~ 5 天，拉网、捉鱼、运输要小心细致，避免鱼体受伤感染。

8. 优质1龄草鱼种的特征

同池出塘规格均匀，体格健壮，鱼体淡金黄色，灰黑色网纹鳞片明显，体表有光泽，并有一薄层黏液，以保护鳞片和皮肤，鱼种游动活泼，逆水性强。在网箱或活鱼运输车储水箱中密集时，鱼种头向下，尾向上，只能看到鱼尾在水中不断摆动。

二、2龄草鱼鱼种的培育

草鱼养成商品鱼的周期一般为2～3年。如果需要培育2龄鱼种（图3.31）时可采用专塘培育，也可采用在成鱼池中套养的方法培育。但是，在2龄草鱼种的培育到养成商品鱼的过程中，草鱼出血病、草鱼细菌性败血症和老三病（赤皮病、肠炎病、烂鳃病）等，成为制约草鱼养殖发展的“瓶颈”。其中，草鱼出血病为草鱼最主要的病毒感染类疾病，在鱼种阶段发生出血病，死亡率可达90%以上。建议注射水产疫苗进行疾病预防，具体使用方法见“病害防治”章节。

图3.31 2龄草鱼种

三、鱼苗、鱼种的运输

1. 鱼苗、鱼种运输前的准备

（1）制定运输计划

在苗种运输前，尤其是长距离运输，事先要制订详尽的运输计划，包括运输容器、交通工具、人员组织以及中途换水等事项，若是托运还需算好抵达时间，以便通知接货人准时接货。

（2）选好运鱼用水

运输苗种的用水只要是无污染、水质清新的河水或是水库水均可。如用井水，应为一半井水加一半较清的原塘水合成，要求水温应以苗种养殖池的水温基本一致。在运输中要随时注意水温的变化，作适当升温或降温处理。

（3）苗种适时停食

对要起运的苗种，要求体质健壮，无病伤，严格用鱼筛筛选好鱼种，剔除野杂鱼，保证规格一致。提前 1 ~ 2 天养在新水中，在装运前两天停止喂食，这样可使苗种体内的粪便排除干净，降低苗种的代谢率，以免排入容器中污染水质。另外，混养苗种此时要分开饲养，以便装运。有条件的地方最好运输前一天进行拉网密集锻炼，加快鱼类粪便的排泄和增强苗种的抗应激能力，为运输创造有利的条件。

（4）选择运输方法

常用的苗种运输方法有两种：一是短距离运输，通常运输时间在 4 小时以内，可用塑料桶、塑料袋、鱼桶等器物装水运输（其中可选择疏装苗种和加增氧泵装苗种运输）。二是长距离运输，一般运输时间在 5 ~ 20 小时，可使用尼龙薄膜袋充氧运输或活鱼运输车运输。前者运量小，简单方便；后者运量大，成活率高，比较常用。

2. 运输时间的选择

苗种在温度低时吃食少，耗氧低，且温度越低，水中溶氧越多，因此在温度低时运输苗种成活率高。同样，水温越低，苗种活动越弱，在捕捞、装运时受伤几率小。实践证明，水温在 15 ~ 20℃时运鱼最好。如必须在冬季运苗种，一定要注意保暖，水温过低，会使苗种冻伤。若在夏季运输，可在塑料袋外加冰块降温，效果颇佳。最好避开高温季节晴天光照强烈的中午、阴雨天气和凌晨等易出现严重缺氧浮头的时间段运输苗种。

3. 运输密度的把握

苗种运输的密度应与当时当地的气候情况、水温、运输时间及苗种规格等因素结合起来考虑。使用尼龙薄膜袋充氧运输时，尼龙薄膜袋规格为 70 厘米 ×40 厘米，水温在 20 ~ 25℃每袋可装运鱼苗（水花）8 万 ~ 10 万尾，乌仔 5 000 ~ 7 000 尾，夏花 1 200 ~ 1 500 尾，或装运 5 ~ 7 厘米长的鱼种 600 ~ 800 尾，8 ~ 9 厘米的鱼种 300 ~ 500 尾，可保证 20 小时成活率达 90% 左右。

4. 运输注意事项

苗种运输应坚持“快而有效、轻而平稳、计划周密、尽量稀运”的原则，并把握好以下关键技术：

（1）装鱼操作仔细认真

用尼龙薄膜袋装鱼要求动作轻快，讲究方法，尽量减少对苗种的伤害。通常要注意以下环节：一是选袋：选取 70 厘米 ×40 厘米或是 90 厘米 ×50 厘米的塑料袋，检查是否漏气。将袋口敞开，由上往下一甩，并迅速捏紧袋口，使空气留在袋中呈膨胀状态，然后用另一只收压袋，看看有无漏气的地方，也可以充气后将袋浸入水中，看有无气泡冒出。二是注水：注水要适中，一般每袋注水 1/4 ~ 1/3，薄膜塑料袋装时，以苗种能自由游动为好。注水时，可在尼龙薄膜袋外面再套一只相同规格的袋子，以防万一。三是放鱼：按照计划好的放鱼量，将苗种轻快地装入袋中，苗种宜带水一批批地装。四是充气：把尼龙薄膜袋压瘪，排尽其中空气，然后缓缓装入氧气，至袋鼓起略有弹性为宜。五是扎口：扎口要紧，防止氧气和水外流，一般先扎内袋口，再扎外袋口。六是装箱：扎紧袋口后，把袋子装入纸箱或泡沫箱中，也可将尼龙薄膜袋装入编织袋中后再放入箱中，置于阴凉处，防止暴晒和雨淋（图 3. 32 和图 3. 33）。

图 3. 32　包装好的待运鱼苗

图 3. 33　塑料袋鱼苗运输法

对于大规格鱼种，可采用活鱼运输车进行运输（图 3. 34）。

图 3. 34　活鱼运输车

（2）运输途中适时换水

运输中要经常观察鱼的动态，调整充气量，短途运输中一般每 2 小时左右换水一次；操作方法是先排老水 1/3 后加新水至原水位；发现鱼一旦缺氧应及时充氧。若长途运输中尼龙薄膜袋内鱼类排泄物过多而需换水，最好在运输中带足氧气，将氧气和水一起换掉。换水时注意所换水的水温和原袋中的水温基本一致，以免冲击鱼体造成伤害，换水量一般为 1/3 ~ 1/2。

（3）苗种放养调温消毒

苗种运输到达目的地后，应先将苗种的水与池塘水调整成基本一致的水温。方法是：①如用鱼桶（塑料桶或木桶）短途运输的苗种，到达目的地后可取要投放苗种塘的水，加满至所装苗种的鱼桶内，然后再放入适量的粗盐（约占桶内浓度的 0.6%），浸洗苗种 10 ~ 15 分钟，最后连鱼带水慢慢放入池塘中。②如用尼龙袋充氧运输的苗种，到达目的地后可将整袋放进所要放苗种的池塘浸泡 10 分钟左右，然后再放入加倍的池塘水到袋中。原袋子未放粗盐的，可放适量的粗盐（约占桶内浓度的 0.6%）浸洗鱼苗 10 ~ 15 分钟，最后连鱼带水慢慢放入池塘中。

把握好上述环节，可确保苗种成活率达 90% 以上。

第四章
草鱼成鱼的池塘养殖

随着水产品质量安全问题越来越受到人们的关注，生产健康、优质、无公害的草鱼，为人们提供安全放心的水产品，成为草鱼健康养殖的发展方向。生产无公害草鱼，必须按照一定的生产技术操作规程进行养殖，从苗种放养到饲料、肥料、渔药等一切投入品的使用均需符合相关标准或规范的要求。

水产健康养殖是根据养殖品种的生态和生活习性建设适宜的养殖场所，投放品质好、体质健壮、生长快、抗病力强的优质苗种，采用合理的养殖模式、养殖密度，通过科学投喂优质饲料、科学用药防治疾病等科学管理手段，促进养殖品种无污染、无残毒、健康、快速生长的一种养殖方式。

第一节　池塘环境条件及标准化改造

池塘是养殖鱼类栖息、生长和繁育的环境，因此池塘环境条件的优劣直接影响鱼类的生理活动和生长，间接影响天然饵料生物的繁殖，从而关系到单位面积的产量和产值的高低。

池塘环境条件包括池塘位置、水源与水质、面积、水深、土质以及池塘形状与周围环境等。因此，在建设和改造池塘时，要采取措施，创造最适宜的池塘环境条件，来满足生长的需求，以提高池塘鱼产量和产值，实现“丰产丰收”的目的。

一、池塘环境条件

1. 池塘选址

生产无公害草鱼的池塘应该选择在水源充足、水质良好、无污染，交通便捷，电力充沛，生态环境良好的地方，建设标准化、规模化的渔场，以利于生产生活、物资运输和产品销售等（图 4.1 和图 4.2）。

图 4.1　标准化池塘

图 4.2　规模化连片池塘

2. 水源水质

水源、大气、土壤、水质必须符合《农产品安全质量——水产品产地环境要求》国家标准和《无公害食品淡水养殖用水水质》农业部标准的要求。良好的水源条件，便于经常加注新水，并配备专用的进水及排水渠道。在高密度、高产量池塘精养过程中，由于投饵量大和鱼类排泄量多，容易造成池塘水质恶化、缺氧等事故的发生，如果采取措施不及时或方法不当，就会导致鱼类大批死亡。增氧机虽能防止浮头，但不如加注新水、换水方式能从根本上改善水质环境。池塘养殖用水水源以无污染、溶氧高、水质好的河水（图4.3）和湖水为最佳。井水也可作为水源（图4.4），但其水温和溶氧均较低，有条件的应专设晒水池，否则，在加注水时，应让井水流经较长的渠道，并在入水处设接水板，以提高水温和溶氧量。

图4.3　清澈的河水

图4.4　地下井水

3. 池塘面积

面积大小的要求，以能满足鱼类生态和生长的需求为宜。“宽水养大鱼”就充分反映了池塘面积的重要性。通常池塘以5～15亩为宜，池坡比1∶2.5或1∶3为好，池埂不渗漏。面积过小（2～3亩），水环境不太稳定，水质易突变。面积过大（16～20亩），鱼类吃食不均匀，水质不易控制和调节，管理也不方便，而且拉网捕捞难度大，并且池大受风面大，容易形成大浪冲毁池埂。适宜的池塘面积（5～15亩），鱼的活动范围广，受风面大，易于增氧和水体上下层交换混合，对改善下层水的溶氧状况和水质十分有利。

4. 池塘水深

“一寸水，一寸鱼”，反映了水深和鱼类生长、鱼产量的关系。具备必要的水深，是取得池塘高产的重要条件。通常池塘常年水位应保持在2.5～3.0

米。池水较深，水量大，水温变化不会太大，水质较稳定，对鱼类生长有利。但池水过深，下层水的光照条件差，溶氧低，底层有机质分解会消耗大量氧气，造成下层水经常缺氧。池塘面积较小时，水深可略浅些。

5. 土质和底泥

池塘的土质以壤土最好，黏土次之，沙土最差。养鱼 1 ~ 2 年的池塘，池底会形成包括残饵、鱼类粪便和生物尸体在内的淤泥，淤泥过多，其中的有机质分解会消耗大量氧气，易造成池水缺氧，厌氧发酵时还会产生氨、硫化氢等有害物质，影响鱼类的生长和生存。一般在整修池塘时，应保持 5 厘米厚的淤泥，这对补充水中营养物质和保持、调节水的肥度都有很大的作用。

6. 池塘形状和周围环境

池塘以东西长而南北宽的长方形池为最佳，其优点是池埂遮阴小，水面日照时间长，有利于浮游植物的光合作用，受风水面易起浪，自然增加池水溶氧。池塘的长宽比 5∶3 为最好，利于饲养管理和拉网操作，注水时池水也易于流转混合。池底应平坦，略向排水方向倾斜，高差 10 ~ 20 厘米。池塘周围不应有高大树木和房屋，以免阻挡阳光照射和风的吹动（图 4. 5）。

图 4. 5　优美的池塘环境

7. 设备配套

池塘应该按每亩0.25～0.50千瓦配备增氧机（图4.6），还应配备投饵机，并按照设备总负荷配备发电机（图4.7），以备停电时应急。

图4.6　增氧机

图4.7　发电机组

二、池塘清整

根据池塘的产量水平，养殖2～3年应排干池水彻底清除淤泥一次（图4.8和图4.9）。方法是：年底捕完鱼后，排干池水进行晒塘，待淤泥晒干后，用挖掘机或推土机把多余的淤泥清除到池坡或池埂上，平整后可种植黑麦草、

图4.8　池塘清淤

图4.9　清整后的池塘

苜蓿等青饲料。同时挖深池塘，使池塘深达3.0~3.5米。这样既可以有效扩大池塘水体空间，巩固池坡减少崩塌，充分发挥池塘自身的生产潜力，又能为青饲料的种植提供优质肥料。

三、池塘清塘消毒

使用生石灰清塘时，在鱼种放养前10~15天选择晴天进行，具体操作方法有：

一是干法消毒：在池注入或留有10厘米左右深的水，每亩水面用生石灰60~75千克。先在池底挖出若干小潭，小潭的间距，以泼洒能覆盖全池为度，然后将生石灰放入小潭中溶化。在冷却前向四周泼洒，务必使全池都能均匀泼到。翌日上午再用铁耙将池底淤泥与石灰浆进行调和，使石灰浆与塘泥均匀混合，以提高其清塘除野的效果（图4.10）。

二是带水消毒：每亩水面、每米水深用生石灰125~150千克。先在池边及池角挖几个小潭，将生石灰放入潭中吸水溶化，在冷却前即向池中泼洒。面积较大的池塘，可将生石灰盛于箩筐中，悬于船边，沉入水中。待其吸水溶化后划动小船在池中缓行，同时摆动箩筐，促使石灰浆散入水中。也可将生石灰在船舱中加水溶化，趁热全池泼洒。翌日上午用铁耙推动池泥，以促使石灰浆与池底淤泥混合（图4.11）。

图4.10　池塘干法消毒

图4.11　池塘带水消毒

生石灰清塘时应该注意的以下事项：

①生石灰清塘的有效剂量往往受池塘存水量、底泥、水质和温度等因子的影响。使用生石灰清塘，当水体 pH 值达到 11 以上时，池中野杂鱼和病原体等可在 2 小时后全部死亡。因此，为了确保清塘效果，生石灰泼洒后应对池水的 pH 值进行测定。

②水体及底质中钙离子含量较多以及碱度较高的池塘不宜使用生石灰。即使一般的池塘，生石灰的用量也不能过量使用。因为过量的生石灰会吸收水体中的一些营养成分，如把磷变成不溶性的物质，造成水体缺磷，从而影响乃至限制水生植物生长。所以，切忌生石灰与磷酸盐肥料同用。

③新建的池塘不宜过量使用生石灰。因新建池塘的底质中有机物不足，使用生石灰过量会促使有机物分解，从而降低池塘的肥料。

④淤泥过多的池塘，有机物含量高，有机物分解产生的氨氮含量也高，而且池水的 pH 值越高，氨氮的毒性就越大。因此，在苗种放养前必须测定池水的 pH 值，必要时投放“试水鱼”。

四、池塘注水

清池后 3 ~ 5 天，注水入池，注水水深 0. 8 ~ 1. 0 米，注水时用孔径 0. 06 毫米（60 目）筛网过滤，防止野杂鱼、昆虫等敌害生物进入池塘。

五、水质培育

注水 1 天后，每亩施放绿肥 400 ~ 450 千克，或施放经发酵腐熟的有机肥 200 ~ 250 千克（图 4. 12），5 ~ 7 天后即可放养鱼种。

图 4.12　池塘施用有机肥

第二节　鱼种的放养

鱼种是养鱼的基础要素，也是获得高产、高效的前提条件之一。生产上都应该选择规格整齐、体质健壮、逆水性强、体表完整、无畸形、无病无伤的苗种放养。

一、草鱼的饲养周期

养鱼周期是指饲养鱼类从鱼苗养成食用鱼所需要的时间。草鱼养殖周期的长短主要根据市场需求的上市规格和消费者消费习惯等因素决定，即要求在一定时间内实现高产、优质、低耗、高效的目的。

北方地区，草鱼养殖周期为 2～3 年，即第一年由夏花鱼种饲养至约 13 厘米或约 150 克的 1 龄鱼种，又称仔口草鱼种；第二年再养成 25 厘米左右或 1.0～1.5 千克的 2 龄鱼种，又称老口草鱼种，有的地区此时即可捕捞上市，如再经一年养殖，即可养至 2～3 千克食用鱼。大多采用以草鱼为主、春放冬捕的方式。

图 4.13　鱼种投放

二、放养密度和配养模式

在混养的条件下，只要饲草丰富，水源充足，水质良好，管理得当，配套设施齐全，养殖密度越大，产量就越高。限制放养密度无限提高的因素主要是养殖池塘的水质，养殖密度过大，鱼类常处于低氧状态，极大地限制了其生长。如遇恶劣天气，池塘溶氧会急剧下降至鱼类耐受的最低溶氧量 2 毫克/升以下甚至更低，造成鱼类浮头，有时发生泛塘死鱼事故。此外，放养过密，水体中的有机物质（包括残饵、粪便和生物尸体等）在缺氧条件下，分解产生氨、硫化氢等有毒有害物质，而抑制鱼类生长。

因此，合理的放养密度是要根据池塘条件、饲草供应、设施水平和技术管理水平等情况综合考虑来确定的，并可根据上一年的养殖实践来做适当调整，以探索到最佳的放养模式。一般的密度计算方法：

放养密度 = 池塘单产/商品规格/养殖成活率

一般来说，以草鱼为主体鱼时，按 80∶20 放养模式投放鱼种，即主养鱼（草鱼）占 80%，配养鱼（鲢、鳙、鲤、鲫等）占 20%。搭配鱼应突出鲫鱼，鲫鱼利用饲料碎屑能力强，在摄食时能翻动底泥，可促使有机物分解，改善水质，且不与草鱼争食，这样可以充分利用青饲料资源，及充分利用水域空间及残饵，提高养殖效益；鲤鱼由于抢食能力比草鱼强，会影响草鱼吃食，所以要少放或不放，确需放养时，鲤鱼种规格应小于草鱼，每亩数量不能超过 100 尾。

池塘单产的设计必须充分考虑池塘条件和池塘设施水平，根据不同池塘的实际情况来确定放养密度。如池塘深 3 米以上，保持水深 2.5 ~ 2.8 米，每亩配有 0.75 千瓦增氧机，保持日交换量 10% 左右微流水的池塘，设计单产可达 5 000 千克/亩。

通常条件较好的池塘，主养草鱼净产 1 000 千克/亩的亩放养模式是：规格 100 克/尾的草鱼种 700 尾，规格 50 克/尾的鲢鱼 300 尾，规格为 50 克/尾的鳙鱼 80 尾，10 克/尾的鲫鱼 500 尾。

主养草鱼也可采取多品种、多规格混养方式，即可投放 1 龄草鱼种和 2 龄草鱼种，有时放 3 种规格的草鱼种（表 4.1）。

表 4.1　亩净产 800 千克主养草鱼放养模式

鱼类	放养尾数	规格（克）	重量（千克）	成活率（%）	成活尾数	预计规格（克）	计划产量（千克）	净产量（千克）
草鱼	200	350	70	95	190	1 250	238	168
	100	250	25	95	95	1 000	95	70
	500	50	25	90	450	500	225	200
鲢鱼	400	50	20	95	380	500	190	170
	70	250	18	95	66	1 000	66	48
鳙鱼	80	50	4	95	76	500	38	34
	40	250	10	95	38	1 000	38	28
鲤鱼	100	50	5	95	95	500	47	42
鲫鱼	100	20	2	90	90	150	14	12
夏花	1 000	1	1	60	600	50	30	29
合计	2 590		180		2 080		981	801

放养前，应该严格消毒苗种，方法是用3%～5%食盐水浸泡消毒5～10分钟。短途运输的苗种可直接浸泡消毒，而经过长途运输的苗种最好是经过一段时间的适应吊养后再浸泡消毒。

三、草鱼种的来源

为了能保证养殖所需的鱼种规格、数量和质量，有条件的应尽量由本单位培育生产，这样也能提高鱼种成活率，降低生产成本。

通常鱼种的供应有鱼种池专池培育和成鱼池套养两个途径。一般草鱼鱼种池主要提供1龄鱼种；成鱼池套养，就是将不同规格的草鱼种按比例混养在成鱼池中，经过一段时间的饲养后，将达到上市规格的食用鱼捕捞上市，并在年中补放小规格鱼种（如夏花）。这样，随着不同规格鱼种的生长，就可为来年成鱼池提供鱼种。

因此，各生产单位每年要根据各种规格的鱼苗、鱼种的需求总数量，来计算出苗种、鱼种放养模式和放养量。

四、鱼种放养时间

提早放养鱼种是争取高产的主要措施之一。在北方地区，除严寒、风雪天气不能放养外，可在解冻后，水温达5～6℃的晴天放养。此时，鱼的活动能力弱，容易捕捞，在操作过程中不易受伤，可减少饲养期间的发病率和死亡率；而且，提早放养可早开食，延长鱼的生长期。有条件的地方可将春天放养改为秋天放养，以进一步提高鱼种的成活率（图4.14）。

图 4.14　精心投放鱼种

第三节　饲养与管理

一、饲料的投喂技术

饲料是养鱼的物质基础。如何根据主养鱼类的营养需要合理选用优质饲料，采用科学的投饲技术，可保证鱼类正常生长，降低生产成本，是提高饲料效率的重要手段，所以投喂量多质好的饵料，是养鱼获得高产、优质、高效的重要技术措施。投饲技术包括确定投饲量、投饲次数、场所、时间以及投饲方法等内容。我国传统养鱼生产中提倡“四定”（即定质、定量、定时、定位）和“三看”（看天气、看水质、看鱼情）的投饲原则，是对投饲技术的高度概括。

生产实践证明，草鱼成鱼养殖时，单靠种草养鱼，因草料系数大，鱼吃食量大，排泄的粪便多，池塘水质污染重，鱼的发病率加大，所以达不到高产稳产；只投喂颗粒饲料养殖草鱼，不仅养殖成本大，而且营养不均衡，成活率低，达不到高效；而以颗粒配合饲料结合青饲料饲养草鱼，既能降低养殖成本，又能补充颗粒配合饲料中没有的维生素 C，从而最大限度地发挥池塘生产潜力，达到高产、优质、高效的目的。在草鱼池塘无公害养殖中也提倡使用安全环保的渔用硬颗粒饲料（图 4.15）或渔用浮性膨化饲料（图 4.16)，同时配合青饲料的投喂方式。

图 4.15　渔用硬颗粒饲料

图 4.16　渔用浮性膨化饲料

1. 草鱼对蛋白质的需求

蛋白质是维持草鱼新陈代谢、正常生长发育和繁殖的主要能源物质之一，也是饲料成本中花费最大的部分，是配合饲料中首要考虑的因素。饲料中的蛋白质首先用于鱼类的新陈代谢，其次用于生长。研究结果表明，草鱼对蛋白质的需要主要由蛋白质的品质决定，同时也受鱼体大小、生理状况、水温、池塘中天然饵料的多少、养殖密度、日投饲量、饲料中非蛋白能量的数量等因素的影响。通常草鱼配合饲料中的蛋白质含量从鱼苗到鱼种阶段适宜范围为 30% ~36%，鱼种到成鱼阶段为 22% ~28%。有研究表明，草鱼饲料的蛋白含量低至 16%时，草鱼也能有较好的生长。

2. 投饲量的确定

主养草鱼池塘投饲量主要依据草鱼以及配养的“吃食鱼”食量而言。为了做到有计划的生产，保证饲草的及时供应，必须在年初规划好全年的投饵计划和饲草需要。

具体计算方法如下：

首先，根据各成鱼池的鱼种放养量和规格，确定草鱼和配养鱼的净增肉倍数，再根据净增肉倍数确定计划净产量。例如某池塘放养100克/尾的草鱼种700尾，放养重量70千克，草鱼的计划净增肉倍数为12，则每亩草鱼净产量为：70千克×12=840千克。

其次，根据以往的养殖结果计算出草鱼颗粒饲料的饵料系数。

最后，测算出颗粒饲料的年计划投喂量。例如某渔场推算出的草鱼用颗粒饲料系数为2，那么亩净产草鱼1 000千克，则全年每亩池塘草鱼的颗粒饲料需要量为：1 000千克×2=2 000千克，配养吃食鱼的颗粒饲料需要量可累加。

投喂的青饲料时，可按水草20千克、旱草8千克的比例，各扣除1千克颗粒饲料。

3. 投饲量的分配

根据当地水温、季节、鱼类生长等情况制定出全年饲料投喂量的分配百分比。在鱼类主要生长季节投饲量占总投饲量的80%左右。表4.2和表4.3是主养草鱼的全年饲料投喂分配表，各地可根据当地实际情况进行适当调整。

表 4.2　以 2 龄草鱼为主养鱼的全年饲料投喂分配表（%）

月份/日期	1—5	6—10	11—15	16—20	21—25	26—30（31）	总 量
4	0.28	0.32	0.45	0.52	0.65	0.74	2.96
5	0.98	0.84	1.12	1.31	1.48	1.53	7.06
6	1.61	1.71	1.79	1.89	1.95	1.99	10.94
7	1.94	2.01	2.24	2.45	3.58	2.68	13.93
8	2.75	2.96	3.08	3.18	3.23	3.60	18.80
9	3.77	3.82	3.86	3.86	3.88	3.87	23.06
10	3.87	3.67	3.33	2.93	2.67	2.27	18.74
11	1.80	1.59	1.12				4.51

表 4.3　以 1 龄大规格草鱼为主养鱼的全年饲料投喂分配表（%）

月份/日期	1—5	6—10	11—15	16—20	21—25	26—30（31）	总 量
4	0.21	0.25	0.30	0.35	0.40	0.45	1.96
5	0.55	0.65	0.68	0.74	0.90	1.00	4.52
6	1.16	1.26	1.40	1.67	1.77	1.90	9.16
7	2.00	2.19	2.30	2.42	2.58	2.73	14.28
8	3.00	3.16	3.24	3.34	3.81	3.91	20.76
9	3.94	3.98	4.00	4.04	3.87	3.77	23.60
10	3.69	3.59	3.34	3.14	2.98	2.78	19.52
11	2.47	2.07	1.03	0.63			6.20

需要强调的是，在早春鱼类开始阶段，必须注重饲料的质量和营养需求；青饲料在春夏季量多质好，投喂重点应在鱼类生长季节的中前期；投喂精饲料重点应在中后期，以利于鱼类增膘、越冬。

4. 投饲技术

投喂饲料的次数和水温的变化成正比，4 月每天 2 次，上午 9：00 时、下午 14：00 时；5—6 月 3 次，上午 8：30、中午 11：30、下午 15：00 时；7—9 月 4 次，上午 8：00 时、中午 11：00 时，下午 13：30 时和 15：30 时；10 月 3 次，11 月 1 次。所投颗粒饲料要营养全面、适口，在水中不易散失，并用自动投饵机均匀投喂（图 4. 17）。

图 4. 17　自动投饵机

一般在鱼种放养 1 个月后开始投喂青饲料，青饲料前期以浮萍为主，半个月后改为陆草。投喂青草，应在下午最后一餐投喂，可让鱼类在傍晚和夜间摄食，如上午投喂青草，鱼吃饱后，对配合饲料摄食就差。所投青饲料应投放在预先搭设的框架内，避免青草随风满池漂动。

饲草投喂采取“四定”（即定质、定量、定点、定时）的投喂原则，同时以不影响下一餐鱼类抢食能力为前提来灵活掌握日投喂量，不可忽多忽少，即每餐只喂八成饱，每餐投喂饲料时，保证鱼类吃食均匀，有 60% ~70% 的鱼离开时就可以停止投喂。进入 7 月后，投喂期内应定期捕捞鱼解剖检查，发现鱼类肝部出现病情时，应针对性的采取措施。特别值得注意的是，有许多草鱼养殖者为追求前期草鱼的快速增长，大量投喂高蛋白质饲料，导致鱼类出现营养代谢不良的症状。养殖必须结合投喂青饲料来调整，以保证草食性鱼种健康生长（图 4.18）。

图 4.18　投喂青草

同时，还要通过观察天气、水体情况及鱼的吃食量，适当地调整投喂量，还要做到晴天按时投，雨天气压低时少投，如下午突降雷阵雨或天气异常闷热，最后一餐饲草可少投或不投。食场附近应每周消毒一次，及时捞除残饵，保证池塘内干净、清洁，以免残饵腐烂变质，污染水体。

二、膨化浮性鱼饲料

随着水产养殖业向规模化、集约化、专业化的方向发展，对水产饲料的要求也越来越高，传统的粉状配合饲料和颗粒配合饲料存在着水中稳定性差、沉降速度快、易造成饲料散失浪费和水质污染等弊端，已越来越不适应现代水产养殖的需要，而浮性饲料能较好地克服粉状和颗粒饲料的弊端，是现代水产养殖的理想饲料品种。膨化浮性鱼饲料的特点有：

①便于饲养管理：膨化浮性鱼饲料由于能悬浮于水面，因此投饲时不需专设投饲台，只需定点投饲即可；鱼采食时需出水面，能直接观察鱼的采食

情况，及时调整投饲量，并能及时了解鱼类的生长情况和健康状况，因此采用膨化浮性鱼饲料有助于进行科学的饲养管理。

②防止饲料浪费：膨化浮性鱼饲料在水中稳定性很好，一般两小时内不溶解，因而能避免饲料中营养成分在水中的溶解散失和饲料沉入泥中而造成的浪费，即使鱼吃不完，也可捞起晒干，能最大限度防止饲料浪费。一般采用膨化浮性鱼饲料比粉状或粒饲料可节约饲料5%～10%。

③降低水质污染：膨化浮性鱼饲料在水中不溶解，不下沉，因而能避免饲料在水中残留发酵，降低水中有机物的耗氧量，从而有效地降低水质污染。

④饲料利用率高：膨化由于经过高温处理、淀粉糊化、脂肪稳定、并破坏和软化纤维结构和细胞壁，从而各营养成分的利用率提高，膨化过程也破坏了菜籽粕中的芥子酶、棉籽粕中棉酚以及豆粕中的抗胰蛋白酶等有害物质和抗营养因子，从而提高了原料的适口性和消化率，因此膨化浮性鱼饲料较粉状和颗粒饲料的利用率提高。

⑤保存期长：膨化浮性鱼饲料由于经过烘干处理，水分较低，颗粒较硬，并且膨化过程中大多数的微生物和菌虫被杀死，因此其保存期较长，便于贮藏和运输。

三、池塘的日常管理

池塘的日常管理不仅是检验管理人员是能否尽职尽责的手段，更重要的是保证养鱼“丰产丰收、高产高效”的关键措施。日常管理的主要内容包括：池塘水质调节、池塘的补水和排水、增氧机的合理使用、防止缺氧浮头泛塘、鱼病的预防和治疗等。

1. 池塘水质调节技术

这是池塘养殖中提高水中溶氧量，减少耗氧量和氨氮含量为主要内容的技术措施。在无公害生产中，水质控制是一项关键的技术环节，保持良好的水域生态环境是生产无公害草鱼的重要要求。养殖草鱼的水质指标为：pH 值 7.0～8.5，水温 20～28℃，透明度 30～40 厘米，溶解氧 5 毫克/升以上，氨氮、硫化氢等应控制在不足以影响鱼的正常生长范围内，水体中的浮游生物应密度适宜，水质能够保持清新、嫩爽，水域生态呈良性循环。

一般在冬季时可以施用有机肥、补施磷肥来调节池塘的肥力。高温季节不再施有机肥，而要通过补水、使用生石灰、漂白粉等技术措施来调节水质。每 15～20 天定期泼洒生石灰水 1 次，用量为每亩 15～25 千克，使水质保持稳定的弱碱性。

2. 池塘的补水和排水（换水）

草鱼放养初期，池水不宜太深，应控制在 1.0～1.5 米，水浅水温高，有利于浮游生物的繁殖，以后要逐渐注水以加深水位，高温季节，水深最好控制在 2.5 米以上。

补水（图 4.19）是高产池塘普遍采用的增氧措施之一。通过补水，一是增加鱼类的活动空间，相应降低池鱼密度，稳定水质；二是提高池水透明度，以提高浮游植物的光合作用，增加池水溶氧量；三是直接增加水中溶解氧，使池水充分流转，改善整池溶氧环境。

图 4.19　池塘补水

排水的目的是把鱼的排泄物、残饵和氨氮含量高的的下层水排出，以减少夜间水中的耗氧量，防止水质恶化。

补、排水时间应在清晨进行，此时水中溶氧低，水中出现分层现象，水的下层由于底泥、有机质、排泄物分解耗氧，已处于缺氧状态，这时排出底层水、补充新水最为有利。

补、排水的原则是两头少，中间多，即春季和晚秋少补水，高温季节多补水，补水的同时进行排水。春季3—4月每隔15天应该换水一次，5—6月每周换水一次，每次换水量为池塘水量的10%～20%；6—9月的高温期间，每2天换水一次，换水量要达到20%～30%。水源充足的，可使池塘呈日交换量在10%左右的微流水状态，保持池塘水质处于一个非常优良的状态，促进鱼类生长和保证产品的品质。

补、换水时，应该特别注意以下几点：

①每次换水量不要超过全池水量的1/3。

②换水时应将底层的污水和表层的油膜排出。

③换水时应注意加入的新水的水温要与池塘水温相一致。

④换水时要考虑到池塘水体中浮游生物量，应尽可能保持换水后的浮游生物量与换水前基本一致。

⑤施肥、用药后两天内不要换水，开启增氧机后也不要换水，以免造成浪费。

⑥发生病害的池塘水体未经消毒不得任意排放。

⑦水质的变化是一个慢慢积累到突然恶化的过程，所以对水质较好的池塘也应时常补水，以冲淡水中有毒有害物质的浓度。如果水质已经恶化到一定程度，再补水也于事无补，一方面浪费水，另一方面也极易因大量换水引起水质浑浊、鱼体应激和鱼病，这时应该考虑清塘清毒。

⑧水质恶化后，经过大量换水，水质会逐渐好转，但在水质好转期间，

一定要限制投料量，不要投得过多，因为新水入池后，和池塘内原有的水要经过一个相互交换期（夏季1～2天，其余季节2～5天），这个期间内的池水本身是不稳定的，如果加大投饵量容易使水质再次恶化，所以在交换期结束后应视水质情况再次补水。

3. 增氧机的合理使用

增氧机是一种通过电动机或柴油机等动力源驱动工作部件，使空气中的“氧”迅速转移到养殖水体中的设备，它可综合利用物理、化学和生物等功能，不但能解决池塘养殖中因为缺氧而产生的鱼浮头的问题，而且可以消除有害气体，促进水体对流交换，改善水质条件，降低饲料系数，提高鱼池水体活性和初级生产率，从而可提高放养密度，增加养殖对象的摄食强度，促进生长，使亩产大幅度提高，充分达到养殖增收的目的。

通常，叶轮式增氧机（图4.20）每千瓦动力基本能满足3.8亩成鱼池塘的增氧需要，4.5亩以上的鱼池应考虑装配两台以上的增氧机，同时加强投饵区增氧。

图4.20　叶轮式增氧机

（1）增氧机的作用

在成鱼养殖池中大多采用叶轮式增氧机，其具有增氧、搅水、曝气等3

方面的综合作用。

增氧作用：叶轮式增氧机一般每千瓦小时能使水中的溶氧增加 1 千克以上。增氧效果随着负荷水面的增大而减少（图 4.21）。

图 4.21　池塘增氧

搅水作用：叶轮式增氧机的搅水性能良好，可在短时间内使池水水温和溶氧水平上下均匀分布。增氧机负荷水面越小，上下水层循环流转的时间就越短。

曝气作用：叶轮式增氧机在运转时，通过水花和波浪，将水中的溶解气体，特别是下层水中积累的硫化氢、氨等有害气体逸出，以改善水体环境。

（2）增氧机的合理使用

增氧机的使用，除与天气、水温、水质有关以外，还应结合养鱼具体情况，根据池水溶氧变化规律，灵活掌握开机时间，以达到合理使用、增效增产的目的。

增氧机的使用原则：

①晴天中午开动增氧机 1 ~ 2 小时，充分发挥增氧机的搅水作用，增加池水溶氧，并加速池塘物质循环，改良水质，减少浮头情况的发生。一定注意避免晴天傍晚开机，会使上下水层提前对流，增大耗氧水层和耗氧量，容易引起鱼类浮头。

②阴雨天，浮游植物光合作用弱，池水溶氧不足，易引起浮头。此时必须充分发挥增氧机的机械增氧作用，在夜里及时开机，直接改善池水溶氧情况，达到防止和解救鱼类浮头的目的。避免阴雨天中午开机，此时开机，不但不能增强下层水的溶氧，而且增加了池塘溶氧的消耗，极易引起鱼类浮头。

③夏秋季节，白天水温高，生物活动量大，耗氧多，黎明时一般可适当开机，增加溶氧。如有浮头预兆时，开机救急，不能停机，直至日出后，在水面无鱼时才能停机。

④当水质过肥时，要采用晴天中午开机和清晨开机相结合的方法，改善池水溶氧条件，预防浮头。

（3）增氧机的开机和运行时间

增氧机一定要在安全的情况下运行，并结合池塘中的放养密度、生长季节、池塘的水质条件、天气变化情况和增氧机的工作原理、主要作用、增氧性能、增氧机负荷等因素来确定运行时间，做到起作用但不浪费。

正确掌握开机的时间，需做到“六开三不开”。即“六开”：①晴天时午后开机；②阴天时次日清晨开机；③阴雨连绵时半夜开机；④下暴雨时上半夜开机；⑤温差大时及时开机；⑥特殊情况下随时开机。“三不开”：①早上日出后不开机；②傍晚不开机；③阴雨天白天不开机。

4. 预防氨氮的超标中毒

氨氮是鱼类的主要代谢物及有机质氧化分解的产物，氨氮包括离子氨和分子氨，离子氨不仅无毒，还是水生植物较易吸收的氮肥，分子氨的毒性较强，对水产养殖而言，分子氨浓度应低于 0.2 毫克/升，超标会引起鱼类中毒。

氨氮中毒没有季节、昼夜和天气好坏之分，多见于成鱼池、高产池、密养池及能灌不能排的鱼池。

氨氮的毒性取决于养殖水体的pH值和水温，pH值越小，水温越低，其毒性越低，pH值小于7.0时氨氮几乎无毒；pH值越大，水温越高，其毒性也就大大增加。所以，如果氨氮已经超标，千万不要使用生石灰调节水质，否则，易引起或加剧氨氮中毒。

鱼类氨氮中毒的症状：呼吸急促，乱游乱窜，时而浮起，时而下沉，偶尔跳跃挣扎，游动迟缓，麻痹乏力；体暗，鳃乌，口腔发紫，黏液增多。最后活动力丧失，慢慢沉入水底而死亡。氨氮中毒后，开启增氧机，池鱼四散回避，不敢靠近。泼洒增氧剂仍毫无反应。中毒鱼轻者多见先死底层的鱼类，尤其是鲤鱼。如池鱼混养鳙、鲢、鲤、草鱼时，先大批中毒死亡的是鲤鱼和鲢鱼（图4.22）。

图4.22　池塘氨氮中毒

氨氮中毒需要综合防治措施主要有：

①选用优质蛋白饲料，使用具有更高氨基酸消化率的饲料，避免过量投喂。通过改善鱼类对饲料的利用率，而降低水中氨氮等有害化学物质的含量。

②改善水质，增加底层溶氧。合理使用增氧机，加强上下对流；经常清淤、换水、减少水体中浮游生物和有机物数量。水体溶氧尤其是塘底溶氧充足，可使水体有毒的氨氮被消除，保持水质的pH值稳定。

③合理施肥。精养塘应少施效果慢、耗氧大的有机肥，高温季节要多施

磷肥。

④使用芽孢杆菌复合微生物制剂，按每亩水深1米首次施用量为500克，15天后再施用250克，来降低水中氨氮浓度，改善水质。

⑤氨氮中毒的救治。先可用盐酸或醋酸调节水体pH值，pH值低于7.0时可解除氨氮毒性，后使用沸石粉、麦饭石、膨润土、活性炭等都具有吸附作用的矿物质，减少池底水体中的氨氮含量（水深1.5米的鱼池，每亩用200~300千克），进行底层水体置换，抽去底层老水加注新水。

⑥泼洒食盐。干扰与阻止氨氮及硝酸态氮继续入侵鱼体血液。水深1米的鱼池，每亩用食盐17千克。

预防优于救治，养殖人员要加强巡塘，密切观察水质、浮游植物、鱼类活动的变化，发现不良苗头及时处置，就能切实控制和减少成鱼氨氮中毒的风险。

5. 预防亚硝酸盐的超标中毒

亚硝酸盐是氨转化为硝酸盐过程中的中间产物，由池底缺氧造成。在底泥较厚和有机物较多的池塘，当水温超过20℃以上时，因养殖水体底层有机物发酵耗氧造成池底缺氧，使氨转化为亚硝酸盐，当水中亚硝酸盐浓度积累到0.1毫克/升后，鱼类红细胞数量和血红蛋白数量逐渐减少，血液载氧能力逐渐降低，而造成鱼类中毒、甚至死亡，诱发暴发性疾病。

鱼类慢性中毒时，症状不明显，一般肉眼很难看出，但严重影响鱼的生长和生活；中毒较深的鱼，摄食量减少，活动力减弱，鱼体消瘦，体表无光泽，见人回避反应缓慢；急性中毒鱼，一般发生在清晨，肉眼观察似缺氧浮头，且往往伴随缺氧症状，鱼大多集群，有时甚至集聚得很紧。这个时候即使注水解救，在短时间内也不会出现游向水口的情况，太阳出来后，症状也不会很快消失，甚至随时间的推移，症状越来越重，晴天中午都不会解除。

针对这种情况，有的一直按缺氧解救，只在下午有点缓解，第二天病情更重，连续几天都不能解除。此时鱼的摄食量降低，鳃组织出现病变，呼吸困难、骚动不安或反应迟钝，严重时则发生暴发性死亡，其死亡率高达90%以上。

亚硝酸盐是广泛存在于水体的一种物质，是水体氮循环的产物之一，要使水体中完全不存在是不可能的，只是在养殖过程中要严格控制其浓度，最主要的防治措施是：

①彻底清淤、消毒，避免有机物的大量沉积，在养殖过程中，每天中午开增氧机1～2小时，每月施用1～2次水质改良类型药物，以分解底泥中的有机废物，避免发酵造成水体缺氧，产生亚硝酸盐。

②当鱼虾出现慢性中毒时，可先打开增氧机，及时施用专业分解亚硝酸盐类药物解救，有条件的换注加水，保持良好水质。

③中毒并发其他鱼病的，应及时对症施药。

6. 池塘蓝藻的控制

每年的6—9月是蓝藻（图4.23）的高发季节，蓝藻本身具有毒性，容易引发鱼类中毒死亡。而且，蓝藻的繁殖和死亡都会消耗大量的溶解氧，导致池塘中鱼类的浮头，死去的蓝藻毒性更大，如果用硫酸铜杀死蓝藻，硫酸铜会增强蓝藻的毒性。蓝藻在温度20℃以上，水体pH值偏高、光照度强且时间久的条件下，极易暴发，大规模暴发的蓝藻会在水面形成一层蓝绿色而有恶臭味的浮沫，称为“蓝藻水华”，其阻挡了阳光，阻隔了空气与水的交换，把水中的氧气耗尽，导致水中所有生物缺氧死亡。蓝藻死亡后还会分解出毒素，破坏水质，毒害水生物和鱼类。蓝藻生长过程中也会分泌抗生素，抑制其他藻类生长，使蓝藻的爆发生长更加厉害。

蓝藻的生长还是要受到其他藻类的影响，并非只是水体理化指标所决定的，所以是否会出现蓝藻不但决定于水体中是否有高含量的氮和磷，还决定于二者的比例。低氮磷比的水体，其他藻类因为缺乏氮素营养而不能生长，但是蓝藻（图4.23）却可以利用空气中的氮而正常生长，成为水体藻类的统治者。当水体中氮磷含量都很高的时候，虽然是严重的富营养化，但是由于其他藻类的存在，一般不会形成蓝藻的爆发。

图4.23　池塘蓝藻

在高温季节，水体中的磷往往不足以供应绿藻、裸藻等藻类的生长需要，使这些藻类的生长繁殖受到限制，蓝藻就乘机生长爆发，这是池塘中常见的情景。所以，发现将要出现蓝藻水华的时候，在水体中施入磷肥（过磷酸钙、磷酸二氢钙、磷酸二氢铵等）就可以控制蓝藻爆发。

在春夏之交的转换季节，蓝藻的爆发则是因为水体中氮被过多消耗，使其他必须从水中吸收氮营养的藻类无法生长，能够通过固氮作用利用游离态氮气的蓝藻则可以不受限制，大量繁殖生长，形成蓝藻水华。因此这个季节需要施用氮肥或者施用氮磷复合肥。

如果池塘中有足够的白鲢，一般不会出现蓝藻暴发的现象，白鲢可以吃掉大量蓝藻，虽然不一定能够消化吸收，却能控制蓝藻的暴发。

当出现蓝藻水华以后，采用换水、打捞、拦截、药物杀灭（应选用强氯精或者二氧化氯等药物，尽量不要用硫酸铜来杀灭蓝藻）等措施，尽快控制蓝藻的危害。

7. 池塘生产管理

水产养殖向来是“三分放、七分养”，做好池塘日常生产管理工作，是草鱼养殖成功的关键。日常管理工作除了做好以上工作外，还需做好以下工作：

①坚持每天巡塘，观察鱼类的摄食活动情况。通常每天要分早、中、晚，巡塘3次。天亮时观察鱼有无浮头现象，浮头程度如何；中午前后巡塘可与投喂等工作结合，了解鱼的摄食活动情况，天黑前清除池中残饵；夏季高温或连阴雨时期，半夜要巡塘1次，以防缺氧浮头的发生。

②做好养殖日志，完整记录鱼苗种放养、投饲、用药等情况。

③定期检查鱼类生长情况，及时调节日投饲量。

④做好鱼病防治工作。鱼病多发季节，结合巡塘经常观察鱼类摄食活动情况，一旦发现活动异常或死鱼状况，要及时认真检查，找出病因，对症下药，采取治疗措施。

⑤及时了解市场情况和鱼类生长情况，做到及时上市。

四、“微孔增氧”技术

“微孔增氧”技术就是池塘管道微孔增氧技术，也称纳米管增氧技术。它采用底部充气增氧办法，造成水流的旋转和上下对流，将底部有害气体带出水面，加快对池底氨、氮、亚硝酸盐、硫化氢的氧化，抑制底部有害微生物的生长，改善了池塘的水质条件，减少了病害的发生。同时增氧区域范围广，溶氧分布均匀，增加了底部溶氧，保证了池塘水质的相对稳定，提高了饲料利用率，促进了鱼虾类的生长，具有节能、低噪、安全等优点。在主机相同功率的情况下，微孔增氧机（图4.24）的增氧能力是叶轮式增氧机的3倍，为当前主要推广的增氧设施。

图 4.24　微孔增氧设备

1. 增氧原理

采用罗茨鼓风机将空气压入输气管道，送入微孔管，以微气泡形式分散到水中（图 4.25），微气泡由池底向上升浮，促使氧气充分溶入水中，还可造成水流的旋转和上下流动，使池塘上层富含氧气的水带入底层，实现池水的均匀增氧（图 4.26）。

图 4.25　微孔管

图 4.26　池塘微孔增氧实景

2. 使用方法

根据水体溶氧变化的规律，确定开机增氧的时间和时段。一般4—5月，阴雨天半夜开机；6—10月，下午开机2~3小时，日出前后开机2~3小时，连续阴雨或低压天气，夜间21：00—22：00时开机，持续到第2天中午；养殖后期，勤开机，促进水产养殖对象生长。有条件的进行溶氧检测，适时开机，以保证水体溶氧在6~8毫克/升为佳。

3. 维护与保养

①发现微孔管破裂及时更换。

②藻类附着过多而堵塞微孔，晒一天后轻拍，抖落附着物，或采用20%的洗衣粉浸泡一个小时后清洗干净，晒干再用。

③保证好电源箱不漏电。

④罗茨鼓风机定期润滑保养，梅雨季节要防锈。

⑤高温季节要防曝，可搭凉棚。

⑥发现接口松动，及时固定。

⑦生产周期结束，拆卸后，仓库保管防盗。

五、池塘“泛塘”的预测和解救

夏秋季气温高，微生物活动活跃，池塘内如果投饵量大，很容易使鱼因缺氧而出现浮头现象。如果不及时进行解救，就会引起鱼窒息死亡。因此，平时要加强池塘管理，做好预测，鱼发生浮头现象要及时解救，防止池塘鱼“泛塘”死亡（图4.27）。

1. “泛塘”前的征兆

高温天气的下午，如果发现池中有机物发酵产生大量气泡，覆盖池塘水

图 4.27　池塘“泛塘”

面的 1/2 时，离池很远就能闻到腥臭味，表明“泛塘”即将发生；遇到时晴时雨的天气、无风闷热的雷鸣天气，或强雷阵雨后，要注意观察池塘，防止鱼发生“泛塘”；严重浮头的池塘，要慎防鱼“泛塘”；出现严重浮头的池塘，“泛塘”多发生在半夜和清晨。

2. 导致“泛塘”的异常天气

一是暴雨天气：白天日照强，但在傍晚前后突下雷阵雨，或是连日阴雨缺乏日照的天气；二是闷热天气：久打雷而不下雨，风力小，连日闷热气压低，以及久晴后转阴的天气；三是强风天气：白天天气晴朗气温高，刮南风，夜间转北风，气温迅速下降，这种天气在秋季较多见。

3. “泛塘”前后的池塘管理

一是天气异常时，控制饲料的投喂量，避免增加水体耗氧量。

二是天气异常或暴雨时，检测增氧机、发电机、电源、线路是否正常，避免突发事故的发生。

三是提前储备消毒、增氧产品，防止意外发生，尤其是增氧产品，在缺氧严重的情况时，可每隔 5 ~ 8 小时使用一次。

四是发生“泛塘”死鱼时，及时捞出死鱼、病鱼，进行无害化处理，避免病原的滋生。

五是有条件的情况下，在暴雨时排出底层水。

六是发现有泛塘征兆的池塘，要立即加注新水，并在前半夜开增氧机，直到天亮。微孔增氧可以24小时开启。

七是对于注水有困难而又无增氧设备的池塘，可采用以下措施进行解救：

①每亩水面用食盐5~10千克或明矾3~5千克溶于水后全池泼洒。

②每亩水面用干黄泥100千克，加食盐5千克或生石膏2.5千克调成浆，全池泼洒。

③用水泵扬水增氧。

④全池泼洒增氧剂。

六、池塘养殖数据记录

养鱼生产的原始记录，是反映池塘养鱼客观规律的第一手资料，建立鱼塘日志，详细记录自始至终养鱼生产情况，不但能掌握池塘养鱼的客观规律，帮助总结经验教训，而且使生产成败有据可查。同时，还可以作为制订混养密放、饲肥料准备等生产计划和改进饲养、管理措施、产品质量可追溯的依据，是科学养鱼的重要手段，对提高鱼产量和经济效益具有重要作用。必须做到每口池塘都有养鱼日志。《中华人民共和国农产品质量安全法》规定，农产品生产记录应当保存二年。禁止伪造农产品生产记录。

池塘养殖数据记录内容包括：放养情况、生长情况、渔需物资采购情况、池塘养殖生产记录、生产投入情况、用药记录和销售记录等（表4.4至表4.10）。

表 4.4　放养情况

放养品种					
放养时间					
放养规格					
放养数量					
备　　注					

表 4.5　生长情况

品种						
测量时间	平均体长（厘米）	平均体重（克）	平均体长（厘米）	平均体重（克）	平均体长（厘米）	平均体重（克）

表 4.6　渔需物资采购情况

品种	名　称	采购时间	生产单位	许可证号	规格	数量	备注
饲料							
渔药							
苗种							

表 4.7　池塘养殖生产记录

项目/日期	天气状况	气温（℃）		水温（℃）		水色	透明度（厘米）	投饲情况		摄食及活动情况	注换水量（厘米）	增氧时间（小时）	死亡品种及数量	备注
		上午	下午	上午	下午			日投饵量	投饵次数					

表 4.8　生产投入情况　　单位：元

日　期	苗种费	水电费	饲料费	药品费	维修费	雇工费	其他	小计

表 4.9　用药记录

用药时间	药物名称	主要症状或其他用途	用药方法	用药剂量	效果描述	处方人	施药人	备注

表 4.10　销售记录

销售时间	品种/规格	销售量（千克）	单价（元/千克）	总金额（元）	购买单位或售往地点	购买人签字

第五章 草鱼的病害防治

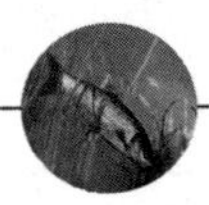

随着高密度精养生产的发展，受池塘水环境、密度、饵料营养、管理水平等诸多因素的影响，草鱼在养殖过程中较其他鱼类品种更易发病，且多数是并发症，控制不好则造成大量死亡。草鱼的“四病”（病毒性出血病、细菌性赤皮病、烂鳃病、肠炎病）成为制约草鱼池塘养殖高产、高效的主要因素，一旦预防或治疗失败，会给养殖生产造成严重的损失。因此，认真做好草鱼的病害防治工作，需要贯彻“全面预防，积极治疗”的方针，坚持“无病先防，有病早治”的原则，是减少病害损失，获得稳产、高产、高效的关键，所谓“养鱼无瘟，富得发昏”，讲的就是这个道理。

第一节 鱼类患病的原因

鱼要生存，一方面要求有好的环境，另一方面则一定要有适应环境的能力。如果生活环境发生了不利于鱼生存的变化或者鱼体机能因其他原因引起变化而不能适应环境条件时，就会引起鱼类发生疾病。因此，鱼类患病是机体和外界因素双方作用的结果。

一、自然因素

1. 水温

鱼是水生变温动物，在正常情况下，它的体温是随着水温的变化而变化。一旦外界水温突然变化，升高或降低，鱼类就难以适应，抵抗力差，易生病或导致死亡。鱼类在不同的发育阶段，对水温有不同的要求：鱼苗下塘时要求池水温差不超过2℃，鱼种要求不超过4℃，温差过大，就会引起鱼苗鱼种不适而大量死亡。此外，各种致病病原体也要求在一定的温度条件下才能在水中或鱼体内大量繁殖，导致鱼生病。而且，水温变化还明显影响水体中溶解氧的含量，水温上升，溶解氧含量下降，水温升高使病原微生物活力和致病性增强，水中有害物质的毒性增强。

2. 溶解氧

水中氧气含量的多少对鱼类的生长和生存有直接的影响。在一般情况下，溶解氧只有在4毫克/升以上鱼类才能正常生长，5毫克/升以上是比较理想的溶氧状态。在溶氧含量低于2毫克/升时，鱼会出现浮头现象，鱼吃食后消化吸收率就较低，就会导致鱼的体质减弱。当水中溶氧含量降到1毫克/升左右时，鱼就发生浮头，如果溶氧得不到及时补充，就会窒息死亡。值得注意的是，对于鱼苗、鱼种，若溶氧过多，也可能引起鱼苗患气泡病。

3. 酸碱度（pH值）

鱼类对水中酸碱度有较大的适应性，一般以pH值7～8.5为最适宜范围，pH值低于5或超过9.5均会引起鱼类生长不良或死亡。如水的pH值较高时，氨的浓度上升，鱼类会发生氨中毒；当水中的pH值过低时，鱼类的鳃丝易被腐蚀，容易继发感染，造成死亡。

4. 水质的变化

影响水质的因素主要有生物的活动、水源、底质以及气候的变化等。如池中有机质过多，微生物分解旺盛时，一方面需要吸收水中大量的氧，造成池水缺氧，引起鱼类浮头（图 5.1），甚至泛池。同时还会放出氨氮、硫化氢、沼气等有害气体，这些有害气体集聚一定数量后，就会引起鱼类中毒死亡。另一方面水质不良引起鱼类抗病力下降，同时病原微生物的大量繁殖引发鱼病。气候的突变引起池水中浮游生物大量死亡，导致水质恶化，或工厂排出的废水中含有害物质污染水源等，都能对鱼类生理机能产生直接影响，引发鱼病。

图 5.1　水质恶化引起的浮头

二、生物因素

一般常见的鱼病，多数是由各种生物传染或侵袭鱼体而致病，如病毒、细菌、黏细菌、霉菌、藻类、原生动物、蠕虫、蛭类、钩介幼虫、甲壳动物等的存在，都可引发鱼病。另外，水鼠、水鸟、水蛇、蛙类、凶猛鱼类、水生昆虫、水螅、青泥苔、水网藻等则可直接残食或间接危险鱼类。

这些使鱼生病的生物，统称为病原生物。

三、人为因素

1. 放养密度不当和混养比例不合理

这与疾病发生有很大的关系，如单位面积内放养密度过大或底层鱼类与上层鱼类搭配不当，超过了一般饵料基础与饲养条件，以致鱼类营养不良，抵抗力减弱，为疾病流行创造了条件。

2. 饲养管理不善

饲养管理不善，不仅影响到水产品产量，而且与疾病的发生密切相关。饲料是鱼类生活所必需，若饲料供应得不到保证，或投喂不清洁、腐烂变质的饲料，或没有根据鱼类的需要量投喂，使鱼类饥饱失常，都可造成鱼类正常生理机能活动的消耗得不到及时补充，鱼体瘦弱，导致萎瘪病和跑马病（鱼苗）的发生。高温季节，不及时清除草渣、残饵，不经常加注新水，池水污浊不堪，病原体大量繁殖，极易使鱼类患病，造成疾病的爆发性传染。另外，施肥的种类、数量、时间和肥料处理方法不当，易使水质恶化，利于鱼类病害生物生长，都可引发鱼病。

3. 生产操作不细致

拉网捕鱼、运输鱼种时操作不当，很容易擦伤鱼体，如鳍条断裂、鳞片脱落、表皮擦伤等，给水中细菌、霉菌以可乘之机，侵袭感染鱼类生病，甚至直接引起部分鱼的死亡。

四、鱼体本身的因素

鱼生病除了一些外部致病因素外，起决定作用的还是鱼类本身的抗病能力（免疫力）。一般来说，鱼类本身体质好，抗病力也就强，即使有病原体存在，也不易生病；相反，体质差则容易生病。不同种鱼类对某种病原体的敏感性不一样，如草鱼、青鱼患肠炎病时，同池的鲢、鳙从不发病。同种鱼类在不同发育生长阶段发病情况也不一样，如白头白嘴病一般在体长5厘米以下的草鱼身上发生，超过这个长度的草鱼基本上不发生这种病。同种同龄鱼免疫力也不一样，如某种流行病的发生，有的严重患病而死亡，有的患病较轻而逐渐自愈，有的则丝毫没有感染。鱼类的这种抗病力，是其机体本身的内在因素作用的结果。

第二节　鱼病的预防

草鱼鱼病预防工作是关系到养殖成败的重要措施之一，“防重于治”是预防鱼病的重要方针。由于鱼类生活在水中，其活动不易被人们觉察，鱼生了病，往往不能及时被发现，正确诊断也比陆生动物困难得多，而且治疗也较麻烦，因为鱼吃药只能由其自己主动吃入，而不能像陆生动物一样强行灌喂。当病情较重时，鱼已失去食欲，人也无法逐一辅之喂药，即使有特效的药物，也不能达到治疗效果。若体外用药，目前普遍采用的全池遍洒及浸洗的方法，也只适用于小面积的池塘和集约化养鱼等，而对大面积的湖泊、河道及水库，就难于使用。况且体外用药一般只对体表疾病有效，而无法杀死体内的病原体。

因此，草鱼鱼病预防工作就显得尤其重要。只要牢固树立“无病先防、有病早治”的思想，认真掌握鱼病防治知识，加强鱼病预防工作，精心管理，鱼病是完全可以控制和避免的。

一、改善养殖生态环境、树立健康养殖理念

在设计和建设养殖场时，应符合防病的要求，要考虑到地质、水文、气象、生物及社会条件等。既要求水源无污染，优化养殖模式，放养密度要合理，保证充足的溶氧；又要求采用有益生物制剂改良水质，不滥用药物，积极推进水产健康养殖技术的应用推广。

鱼病防治应以预防为主，防重于治。如何预防，关键在于平时的健康养殖，这其中包括清塘消毒、科学投饵、合理施肥、调节水质、定期防病、优化环境、强化管理等相关内容，把握好这些关键内容和技术，完全可以控制或避免鱼病的发生和危害。

养殖者还应选择抗病力强的品种，树立防疫观念，重视苗种的防疫检疫工作是十分重要的。所以，当养殖户在购买水产苗种时，一定要选择具有水产苗种生产许可资质的单位去购买，苗种还要经过当地水产苗种检疫部门的检疫，购买时还要索取相关票证。

二、控制和消灭病原体

1. 池塘清整消毒

池塘及其养殖环境是鱼类生活栖息的地方，也是病原微生物的繁衍场所，养殖环境是否良好，直接影响着鱼类的健康生长。因此，池塘的清塘消毒工作就显得十分重要。

池塘清塘包括修整池塘和药物清塘，其目的是为鱼类创造优良的环境条件，利于其生长和提高成活率，利于池塘增产增收。

池塘清整在每年的冬天进行，成鱼销售完后，将池水排干，除去多余的

淤泥，让池底经较长时间的日晒或冰冻，以杀灭病原体，并将池底平整，修好池塘护坡和池埂，清除杂草。

药物清塘就是利用生石灰或漂白粉等药物杀灭池塘中危害鱼类生长的各种敌害生物、野杂鱼等，既可以预防鱼病，又能提高鱼类的成活率。

值得注意的是，在鱼种放养前，一定要先放“试水鱼”，检验药效消失情况，防止药物残留引起死鱼事故的发生。

2. 鱼体浸洗消毒

即使表面观察健康的鱼种，也可能携带一些病原体。如在清塘消毒过的池塘中投放未经消毒处理的鱼种，到春季后，鱼病还会流行起来，池塘的清整工作也就失去了意义。因此，在放养鱼种前要根据容易致使草鱼患病的种类，有针对性地采用不同药物进行鱼体浸洗消毒处理（表 5. 1）。

表 5. 1　鱼种药物浸洗消毒用药及时间表

<table>
<tr><th>药名</th><th>浓度（克/米^{3}水体）</th><th>水温（℃）</th><th>浸洗时间（分钟）</th><th>可防治的鱼病</th><th>注意事项</th></tr>
<tr><td rowspan="2">漂白粉</td><td rowspan="2">10</td><td>10～15</td><td>5～10</td><td rowspan="2">细菌性赤皮病、烂鳃病</td><td rowspan="7">1. 浸洗时间视鱼体健康程度和温度高低作适当调整
2. 漂白粉一定要用未潮解失效的，使用时要当时配制溶液，时间长后无效
3. 两种药物合用时，应分别在非金属容器中溶解，待完全溶解后，一同加入洗浴容器中</td></tr>
<tr><td>15～20</td><td>5～10</td></tr>
<tr><td rowspan="2">硫酸铜</td><td rowspan="2">8</td><td>10～15</td><td>20～30</td><td rowspan="2">隐鞭虫、口丝虫、车轮虫、斜管虫、毛管虫等</td></tr>
<tr><td>15～20</td><td>15～20</td></tr>
<tr><td rowspan="2">漂白粉
硫酸铜
（合用）</td><td>10</td><td rowspan="2">10～15</td><td rowspan="2">5～10</td><td rowspan="2">同时具有两种药物单独使用时的功效</td></tr>
<tr><td>8</td></tr>
</table>

续表

药名	浓度（克/米^{3}水体）	水温（℃）	浸洗时间（分钟）	可防治的鱼病	注意事项
高锰酸钾	20	10～20 20～25	5～10 5～10	三代虫、指环虫、斜管虫、车轮虫等病、锚头鳋病	1. 浸洗时间视鱼体健康程度和温度高低作适当调整 2. 药液须当时配制，时间久了无效，且不可在阳光直射下浸洗 3. 浸洗用水以清澈的河水或井水为好，如用池水有机质太多则药效减低
	14	20～30	10～20		
	10	30以上	10～20		
食盐	3%～4%的浓度		3～5	水霉病、车轮虫、隐鞭虫病及部分黏细菌等	浓度可视鱼体质、水温等适当增减
敌百虫	5	10～15	5～10	三代虫、指环虫	1. 须当时配制 2. 敌百虫系90%晶体
面碱合剂	3				
敌百虫90%晶体	20～40	10～15	10～20	指环虫、中华鳋、烂鳃、赤皮、肠炎病等	鱼头摇动时，将鱼连药水一起倒入塘中
醋酸亚汞或硝酸亚汞	2	15以下	5～20	主治小瓜虫病，对细菌性皮肤病和鳃病、寄生虫性的车轮虫、斜管虫等病也有效	1. 浸洗时间视鱼体健康程度和温度高低作适当调整 2. 醋酸亚汞须在60℃以下热水溶解，否则药剂分解失效，硝酸亚汞可用池水直接溶解 3. 不可在金属器皿中溶解，不可在阳光直射下浸洗
		15以上	5～20		

注：表中硫酸铜、漂白粉、高锰酸钾在水温20℃以上使用时，浸洗时间应视鱼的耐受程度而定。

3. 饲草消毒

俗话说“病从口入”，对鱼类也不例外。病原体常常会随着饲草进入池中而致鱼患病，因此投喂的配合饲料要新鲜的青饲料，最好经过消毒处理。投喂水草时，应将水草先在6×10^{-6}的漂白粉溶液中浸泡20~30分钟，或将1×10^{-6}漂白粉溶液直接洒在水草上至湿润，过一个小时再喂，陆草可不进行消毒。此外，在颗粒饲料中加入少量土霉素残渣（按饲料量的5%混合）投喂，既可起到抑菌消毒作用，又可增加营养，促进生长。

4. 渔具和食场消毒

渔用工具要尽可能专池专用，无法做到分开使用时，应将发病池用过的工具消毒处理后再使用。

食场内常有残渣剩饵，其腐败常使病原体大量繁生，加上鱼在这里大量群集，也增加了互相传染的机会。特别在水温较高、鱼病流行季节，这种情况更可能发生。所以要特别注意维护食场的清洁卫生，除了经常注意投饲量和每天清洁食场外，还要定期对食场进行药物消毒，控制病原繁生。食场消毒的办法有两种：

一是泼药法消毒：将250克漂白粉溶在10~15千克水中，均匀泼洒在食场及其周围，或用来刷洗食台的芦席。鱼病流行季节每隔10天左右消毒1次，其他时间每隔半月或1个月消毒1次。在泼洒药物之前，投放鱼爱吃的饲料诱鱼前来吃食，则效果更好。用硫酸铜泼洒消毒食场时每亩用药250克，兑水后泼洒在食场水面和塘边。

二是挂篓或挂袋法消毒：①挂篓法是将漂白粉装在小竹篓里，悬挂在食场周围的框架上，悬挂深度根据鱼类食性而定，一般挂在水的上层或表层，每个食场挂3~6个篓，每个篓内放漂白粉100~150克，每天换药1次，连挂 3 天。如没有竹篓，亦可用塑料袋钻上小孔代替，但不能用布袋等易被腐蚀的容器。②挂袋法是使用硫酸铜和硫酸亚铁合剂进行食场消毒，用布质地要细密，每袋内装硫酸铜 100 克、硫酸亚铁 40 克。不能用竹篓代替布袋。

食场消毒要达到预定效果，还必须注意以下几点：

①食场周围的药物浓度不宜过高或过低。第一次挂篓或挂袋后，应在池边静止观察 1 小时左右，看是否有鱼来食场吃食，如无鱼来吃食，表明药物浓度太大，应适当减少挂篓或挂袋的数量。

②食场周围药物的浓度一般应保持不短于 2～3 小时，否则迟来吃食的鱼就不能受到消毒。同时鱼每次停留在食场的时间很短，需经多次反复，才能杀灭病原。在下雨和大风天不宜采用此法。

③为保证鱼类在用药时前来吃食，在放药前停喂 1 天，并在用药的几天内，选择鱼最爱吃的饲料投喂，投喂量应比平时略少些，使鱼有饥饿感，以保证鱼在第二天仍来吃食。

5. 池塘水质的调节

“养鱼先养水，防病宜调水”，“水”才是养殖的根本。在养殖的中后期，往往是在高温季节，随着投饵量的不断增加，残饵、粪便等有机物的不断进入和积累，使得池塘水体富营养化，蓝藻等有害藻类大量繁殖，在水体表面形成一层绿色的油膜。水体有机物及藻类尸体的分解消耗池中大量的溶氧，并生成氨氮、亚硝酸盐、硫化氢等有毒物质，再加上藻类分泌的藻毒素、人为用药的药物残留，使鱼类长期处于一种应急状态，而使得鱼类食欲减退、活力减弱、体质下降、容易感染、暴发疾病。这种池塘如果能经常加注新水，就会减缓危害；同时，还可以定期全池泼洒微生物制品分解池塘有机物，解除毒素，促进摄食，增强鱼类体质，提高抗病力。

6. 疾病流行季节前的药物预防

鱼病的发生有一定的季节性，许多鱼病通常在4—10月流行，5—6月和8—10月为鱼病的高发期。了解和掌握了发病规律，及时有计划地在疾病发生前进行药物预防，是一种行之有效的防病技术措施。

外用药物预防：在鱼病流行季节前选择适当的药物进行全池泼洒，防病效果较好。就是在容易聚集的食场周围水面挂上药袋形成药浴区，一般连续用药3天。细菌性疾病预防用漂白粉或二氯异氰脲酸钠，放在竹篓或带孔的塑料瓶内，挂在水的近表层，每只装药100～150克，每个食场挂3～6只，连挂3天；对预防车轮虫、中华鳋等寄生虫性鱼病，用硫酸铜和硫酸亚铁(5∶2)合剂预防，因其溶解较快，需用密质的布袋作为容器，每袋装硫酸铜100克，硫酸亚铁40克，每个食场挂袋3～5只，并根据食场大小和水深增减袋数；用生石灰15～20千克施放于水深1米的1亩池塘内，对杀灭水中致病菌和改良水质都有积极效果；对锚头鳋病，可用（0.2～0.5）$\times 10^{-6}$敌百虫溶液，半月至一月遍洒1次。

内服药物预防：将药物拌在饵料中投喂，可预防和控制鱼体内病原微生物。如用磺胺胍预防肠炎病，可在肠炎病流行季节到来之前，可投喂药饵，连续投喂6天为一疗程，每天一次，用药量为第一天按池塘内鱼体重每50千克用磺胺胍粉1克计算，第二天至第六天的药量减半。实践中，每50千克饵料中加250克食盐和250克大蒜头，对预防肠炎和细菌性烂鳃病也有一定效果。

为了提高内服药物的控制和预防效果，还应注意以下问题：一是要选用草鱼喜食、适口的饵料制作药饵，制成的药饵在水中的稳定性要好。二是饵料黏性不够，须添加面粉等作为黏合剂。三是计算药量时，除草鱼外，还应将其他配养的吃食性鱼考虑在内。四是投喂药饵前要停食1天。五是投喂药饵前，先投喂10分钟正常饲料，让健康鱼先摄食，正常饲料占一餐投饵量的30%，之后投喂药饵，所投药饵量占一餐投饵量的70%，以确保药饵每天都能吃完和鱼体内能达到有效的药物剂量浓度。六是一般药饵每天投喂一次，第一天药物可以适当加量，连续投喂5天，在投喂药饵的疗程内，鱼病被基本治愈后，最好再投喂药饵1~2天，以稳定疗效，彻底消灭病原。

根据经验，谷雨至立夏投喂药饵是预防鱼病的“黄金季节”。

具体操作规程是：在投放鱼种前一周，放水20厘米亩用生石灰125千克化浆后全池泼洒，做到“三白”，即：池底白、池埂白、池水白，以杀灭有害菌、寄生虫及野杂鱼，改良池塘底质，改善水质。

4月底，鱼池要第一次泼洒敌百虫加食盐：每亩水面0.5千克敌百虫加5千克食盐，用凉水化开后全池泼洒，并在三天后加水一次。

6月底至7月初，鱼池再施用第2次敌百虫加食盐，用法、用量同上，3天后加水1次。如泼洒敌百虫后突遇阴雨天气，要及时加水。

6月初，鱼池要投喂加有敌百虫和食盐的药饵，以防止鱼类寄生虫和肠炎的发生。

药饵的制作和使用具体方法是：将150~250克敌百虫碾成面用10千克凉水化开后拌入50千克麸皮中，等半干后，再把1.5千克食盐面拌入，20分钟后即可投喂，连服3天。

三、人工注射免疫防疫技术

人工免疫防疫是指采用人工的方法给鱼体接种疫苗，促使其获得对某一种或几种疾病的免疫能力。

疫苗可以有效地预防鱼类的病毒性、细菌性和部分寄生虫性疾病，尤其对于病毒性疾病，疫苗是目前唯一的特效预防手段。疫苗预防疾病的机制与化学药物不同，它不是直接杀灭病原生物，而是作为抗原刺激机体产生特异

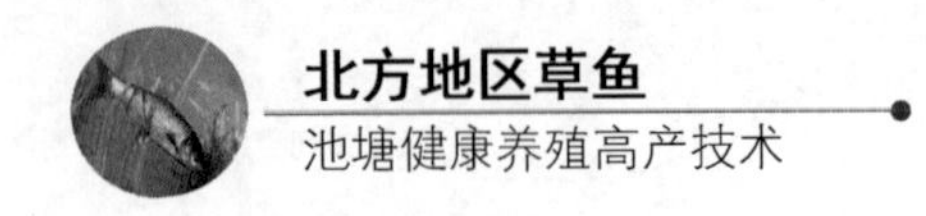

性的体液免疫和细胞免疫，使其避免感染疾病。其优点：一是疗效高，保护率可高达70% ~90%；二是防病周期较长，短则1 ~2 个月、长则数年甚至终身；三是不会产生耐药性；四是使用安全，无毒、无“三致”作用；五是不会造成环境污染。

针对草鱼“四病”（病毒性出血病、细菌性赤皮病、烂鳃病、肠炎病）传染性强、发病快、死亡率高、一般药物难以控制的特点，采用人工免疫手段，是目前预防控制草鱼“四病”流行的有效方法。

目前用于预防“四病”的疫苗主要有：一是草鱼出血病冻干苗（简称冻干苗），用于预防草鱼病毒性出血病的活疫苗（图5.2）；二是淡水鱼类败血病细菌苗（简称细菌联苗），用于预防草鱼细菌性赤皮病、烂鳃病、肠炎病等细菌病的灭活疫苗。两种疫苗均由中国水产科学院珠江水产研究所研制，注射免疫具有用量少、效价高、保护力强、免疫产生期快、使用安全方便的特点。

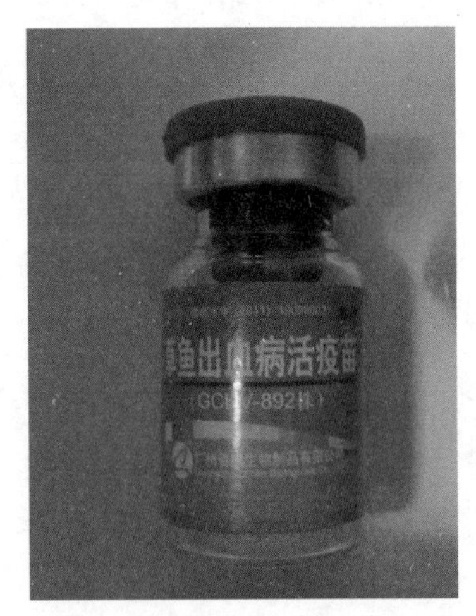

图5.2　草鱼出血病活疫苗

1. 注射免疫前准备工作

（1）免疫时间

秋末冬初或冬末春初，当气温在 10～20℃时，草鱼鱼种放养期间进行，注射疫苗后即可将鱼种直接放入事先准备好的池塘中养殖。秋季高温季节，应选择天气凉爽的早晨注射，上午 9：00 时前结束。

（2）鱼种准备

正常情况下，体长 10 厘米以上的草鱼种就可以注射疫苗，如注射操作熟练，体长 3 厘米以上的鱼种也可注射，但注射剂量要少些。在实施免疫注射前，要了解鱼种的生长、摄食情况，有无病史和用药史，显微镜检查寄生虫情况，总之，要确保鱼种要确保健壮，无病无伤。免疫注射前要停食 1 天。

（3）注射工具

根据鱼种大小，选择型号合适，方便操作的连续注射器（图 5.3），体长 15 厘米以内的鱼种选用 4#注射针头，体长 15 厘米以上的鱼种选用 5#注射针头。注射器使用前用 75% 的酒精或用水煮沸 15～20 分钟消毒。为了防止针头深扎伤及鱼体，特别是腹腔或胸腔注射时，伤及鱼体内脏，可在注射针头上套一小截塑料管或剪短针头，以保持针尖长度略长于鱼体腹肌厚度。

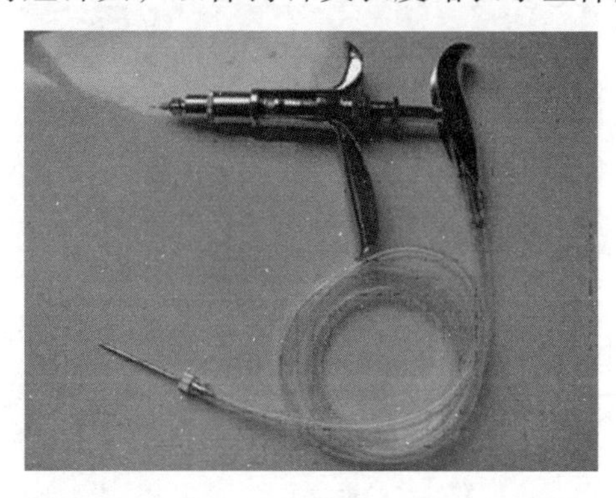

图 5.3　连续注射器

2. 注射免疫操作

（1）疫苗配制

1 瓶 500 尾份的冻干苗用 100 毫升生理盐水或蒸馏水溶解即可，用于预防草鱼病毒性出血病。也可以用 1 瓶冻干苗配 1 瓶 100 毫升的细菌联苗，用于预防草鱼病毒性出血病和主要细菌病。

（2）注射剂量

体重 250 克以内的鱼种每尾注射 0.2 毫升，体重 250 克以上的鱼种每尾注射 0.3 毫升。

（3）注射技巧

接种注射一般为单人操作，左手抓鱼，右手握注射器，抓鱼时，鱼头朝前。采用肌肉注射时，针尖向鱼头方向，与鱼体呈 30°～40°的角度，在背鳍基部肌肉厚实处入针，进针深度约 0.3 厘米，以不伤及脊椎骨为度，缓缓注入疫苗液即可。采用腹腔或胸腔注射时，鱼腹朝上，针尖向鱼头方向，与鱼体呈 30°～40°的角度，在腹鳍或胸鳍基部无鳞处进针，进针深度约 0.2～0.3 厘米，以不伤及内脏器官为度，缓缓注入疫苗液即可（图 5.4）。

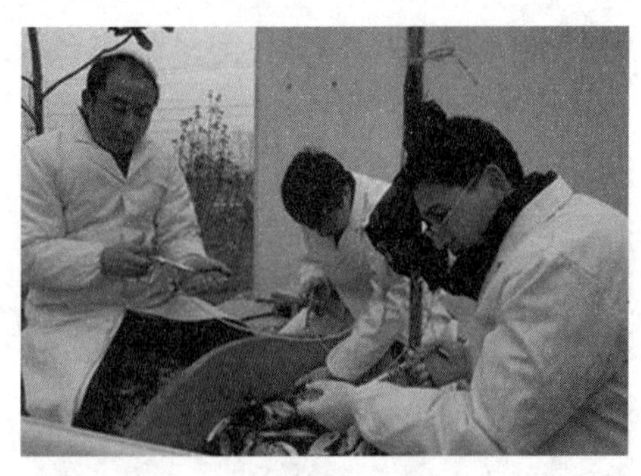

图 5.4　疫苗注射

3. 注射疫苗后的管理

鱼种注射疫苗后，必须加强日常养殖管理，确保养殖池塘水质良好，可用二氧化氯等含氯消毒剂，对养殖水体进行消毒处理，预防伤口被细菌感染，投喂新鲜、适口的优质饵料，在免疫后的第1~2周内，每日投喂一次复合维生素，特别要加强维生素C的添加。

4. 免疫注射的注意事项

免疫注射操作过程要轻、快、稳，尽量减少对鱼体的损伤，疫苗瓶要遮光放置，忌暴晒。气温超过20℃时，疫苗瓶要用冰块包埋降温。疫苗开瓶配制后要马上使用，并当天用完，未用完的疫苗液体或用过的疫苗瓶、包装材料等废弃物要做无害化处理，以免污染环境。

5. 疫苗保存

冻干苗放在冰箱冷冻层中（－10℃左右），水剂型疫苗需要放在冰箱冷藏层中（4~8℃）。

四、浸泡免疫防疫技术

浸泡免疫是鱼类免疫接种较常用的方法之一，该方法操作方便，减少了操作对鱼体的刺激和伤害，降低了劳动强度，提高了生产效率。目前，适于浸泡的水产疫苗为鱼嗜水气单胞菌败血症灭活疫苗（图5.5），该疫苗适用于对淡水鱼细菌性败血症的预防。

1. 鱼种的选择和准备

浸泡免疫方式主要适用于规格在3~13厘米鱼苗、鱼种的规模化使用，

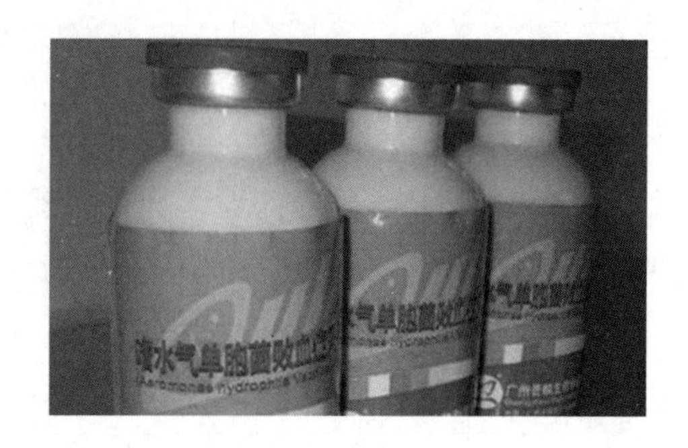

图 5.5 嗜水气单胞菌败血症灭活疫苗

和注射免疫一样，要求确保水质良好和鱼体健康。为了确保免疫工作安全有效，在首次操作或批量免疫处理前，要对待免疫鱼种进行安全性测试。具体方法是：随机抽取 20～50 尾鱼种进行试验。在疫苗产品说明书建议的疫苗使用浓度、苗种密度和充氧等条件下，观察苗种在规定的浸泡时间内，是否出现异常反应，还可通过延长浸泡时间、提高苗种使用浓度 30%～100% 或加大 10%～50% 苗种密度等做法，以探索鱼体的最高耐受度。

2. 浸泡免疫操作

将疫苗用清洁自来水稀释 100 倍，每升疫苗原液可分批浸泡鱼种，浸泡 15 分钟，通过启动增氧机增氧，以提高防疫效果。

3. 浸泡免疫的后期管理

浸泡免疫后的管理相对注射免疫后的管理简单，只要注意保持常规养殖生产操作科学规范即可。

五、微生态制剂

鱼用微生态制剂，是利用鱼虾等动物体有益的微生物或促进物质经特殊加工工艺而制成的活菌制剂。它可用于水中微生态调控、净化水质，能产生一定的生物效应或生态效应；也可用于调整或维持动物肠道内微生态平衡，达到防治疾病、提高健康水平和促进生长的目的。

现市场上已有“益生菌王”、“草鱼微生态制剂”和“复合 EM 菌”（图 5.6）等都可用于水产养殖的复合菌制剂，这些微生物制剂都是经多种有益微生物（双歧杆菌、芽孢杆菌、光合细菌、蛭弧菌、放线菌、乳酸菌、醋酸杆菌和酵母菌等）混合培养制成的，都是具有多功能的高科技产品。它们在生长过程中的产物及其分泌物成为各自或相互生长的基质，正是通过这样一种共生增殖关系，组成了复杂而稳定的微生态关系。

图 5.6　复合 EM 菌

微生态制剂在水产养殖中应用，具有水质改良、营养添加和疾病防治的三大功能。因此，微生态制剂在一定程度上可以部分替代或完全取代抗菌药物。因其具有投入小、收益大、无残毒、无抗药性、不污染环境等优点，故称为“绿色药物”。

预防疾病的主要菌种是乳酸菌、片球菌、双歧杆菌等产乳酸类的细菌和嗜菌蛭弧菌；要提高饵料利用率则可选用芽孢杆菌、乳酸杆菌、酵母菌和霉菌等制成的微生态制剂；以改良水质为主要目的的应选用以光合细菌、硝化细菌、芽孢杆菌和放线菌为主的微生态制剂。

1. 光合细菌

（1）概念

光合细菌（图 5.7）为一类在厌氧条件下进行不放氧光合作用的细菌。该制品为外观呈红褐色的液体，每毫升菌体含量达数亿至几十亿个。

图 5.7　光合细菌

（2）光合细菌的作用

一是改善水质，预防疾病。光合细菌具有多种不同的生理功能，如固氮、固碳、氧化硫化物和促进有机物充分分解等，通过吸收利用氨氮、亚硝酸盐、硫化氢等有毒物质，促进有机物的循环，达到净化水质的目的。

二是治疗疾病。光合细菌在代谢过程中，能放出一种具有抗病毒的酵素（胰蛋白分解酵素），对鱼类的疾病具有治疗作用。

三是直接作为鱼的饵料。光合细菌具有很高的营养价值，其粗蛋白质含量高达 57.9%，其质量相当于酵母蛋白，可与进口鱼粉相媲美，并且必需氨基酸种类齐全（有16种），含粗脂肪7.91%，含可溶性糖类20.83%。因此，光合细菌可作为鱼、虾幼体最适宜的开口饵料，也是人工培养轮虫、水蚤、卤虫等饵料生物的良好饵料。

四是作为优质饵料添加剂。光合细菌含有多种促长功能的活性物质，它除了含有很高的维生素B_{12}外，还含有叶绿素、类胡萝卜素和泛醌（生长因子）等类脂化合物。因此，它可直接作为饵料添加剂使用，一般每吨饵料添加100克，就可以提高饵料效率。

（3）光合细菌的使用方法

①作为饵料添加剂。用量为1%（4亿个菌体/毫升）左右。先用少量水稀释，再喷淋在饵料上，拌匀后投喂。

②作为开口饵料。鱼、虾等产卵后立即按200～500毫克/升浓度的光合细菌泼入育苗池，以后每次换水需要补充50～125毫克/升的光合细菌，以保持育苗池水的光合细菌在200～500毫克/升浓度以上。

③净化水质和预防疾病。

净化水质：在水温为20℃以上时，首次用15毫克/升浓度的光合细菌，以后每隔15天重复1次，浓度为2毫克/升。

促长防病：在苗种入池前泼洒，用量为30毫克/升浓度的光合细菌。

药浴：用5%～10%浓度药浴鱼种或病鱼5～15分钟，可预防和治疗烂鳃病、水霉病等细菌性疾病。

2. 硝化细菌

（1）概念

硝化细菌（图5.8）是利用氨氮或亚硝酸盐作为主要生存能源，以及利用二氧化碳或碳酸盐等无机碳作为主要碳源的一类细菌。其在水质净化过程中具有重要的作用。因此，有机物含量较高的水体中必须添加亚硝化菌和硝化菌，否则，水体中的氨氮和亚硝酸盐逐渐积累，会引起氨氮中毒或亚硝酸盐中毒。

图 5.8　硝化细菌

（2）硝化细菌的作用

净化池塘水质，防止鱼类氨氮中毒或亚硝酸盐中毒。

（3）硝化细菌有效使用的条件

一是提供充足的溶氧量。一般水体溶氧量必须保持在 2～3 毫克/升，低于 0.5 毫克/升时，硝化作用停止，但也不能高于 20 毫克/升。

二是提供充足的碳源。每去除 1 克氨氮要消耗 0.08 克无机碳，因此，池水中可以加入可溶性碳酸盐或重碳酸盐（碳酸钙）作为二氧化碳的来源。

三是保持一定的碱度，以平衡硝化作用产生的酸度。亚硝化菌和硝化菌生长适宜的 pH 值分别为 6～8 和 6～8.5，若低于 6，硝化速度会减慢，低于 5，硝化作用就会停止，但也不能高于 9。因此，应经常施用生石灰和氢氧化钙，以保持池水碱度。

四是水体中蛋白质、脂肪、淀粉等有机物含量不能太多。

五是池水中绿藻不能太茂盛。

六是硝化细菌的适宜生长温度为 10～38℃。高于 25℃时，其活性较高；超过 38℃时，硝化作用就会停止；低于 20℃时，氨氮的转化也会受影响。

七是硝化细菌使用前5天或使用期间不能使用消毒剂、重金属等药物。

复合微生态制剂的各类有益菌需要科学使用，否则会造成效果不明显或起到反作用。如光合细菌需要光照，无氧，有机物丰富；硝化细菌、枯草芽孢杆菌却需要溶氧，氧气不足时只能降低氨氮，不能降亚硝酸盐。

外用时，应针对具体情况，加以选用有针对性的功能菌（如光合菌粉、枯草芽孢杆菌等），并不能一味的使用复合微生态制剂，也就是说，良好的水质更适于使用复合微生态制剂；对于不良水质，就必须结合养殖水体的情况对症使用功能菌。

内服时，有益菌拌料能提高饲料转化率，降低粪便中的有害物质，从肠道不断排出的活菌能稳定地净化水质，不会因外用活菌的突然进入破坏生态平衡，而且成本低。

将微生态制剂直接加入养殖水体，要注意环境是否符合有益菌的生存和繁殖。如水体加入了抗生素等化学物质，就会降低微生态制剂的作用效果。微生态制剂的加入量，要使有益菌成为优势菌，在养殖水体才能发挥最大的作用，因此如果中间换水和使用消毒剂，应在换水后或使用消毒剂几天后补加首次使用的剂量。

第三节　池塘鱼病的其他预防措施

一、草鱼苗“白露关”疾病的预防

“白露”是九月的头一个节气，谚语有“白露秋风夜，一夜凉一夜”之说。此时，白天最高气温虽然仍达三十几度，但夜晚之后最低气温只有二十多度，两者之间的温差达十度。白露时节前后，草鱼苗会出现发病死亡的现象，养殖户称之为草鱼苗的“白露关”。有调研分析，白露时节造成超鱼苗发病的主要是由温差应激过大、病原微生物入侵及鱼体代谢器官受损等3方面原因引起。

当温差应激过大时，会造成鱼体肠道损伤，肠黏膜通透性增大，抗原及毒性物质渗入，还会造成免疫系统损伤，鱼体免疫力下降，对疾病敏感性增加；当病原微生物入侵时，会使鱼苗感染病毒性出血病、细菌性烂鳃肠炎病以及车轮虫病；当鱼体代谢器官受损时，对病鱼解剖可见肠道无食，肝脏肿胀，呈白色、绿色，腹水严重。

草鱼苗“白露关”发病周期长（1个月），死亡率大，发病症状多样，诊断治疗困难。因此，在白露到来之前，就要做好以下预防措施：

一是加深水位，防止温差应激过大。在白露到来之前将池塘水深加至2米以上，可以有效减小异常天气导致的温差应激。

二是提前进行一次杀虫消毒预防。白露到来前一周进行一次杀虫（车轮虫）消毒，可以有效控制病原微生物的侵袭。

三是调好水、改好底，营造好养殖环境。白露阶段做好水质底质管理，可以有效降低发病的概率。

四是做好投喂管理和内服保健。在白露到来前半月逐渐减料，降低鱼苗的肝胆负荷，检疫白露阶段的投饵率为2%～2.5%；同时配合保健内服，可以有效增强鱼体的代谢能力和机体免疫力。

二、成鱼池塘的疾病预防

秋季是鱼类生长的关键时期，但由于此时气温多变且温差变化大，各种致病病原体繁殖速度也加快，极易造成水质恶化，因此也是鱼病高发频发期，必须充分做好此阶段的鱼类病害防控工作，以确保全年的渔业丰产丰收。

一是适时注水增氧。要保持池塘水质清新，做到勤换水，同时要合理使用增氧机，确保养殖池水的溶氧充足。

二是严格控制水质。定期对水体消毒，可用生石灰、二溴海因、EM菌等环保药物和微生物制剂交替使用，及时杀灭水体中的病原微生物，净化水质，使养殖池塘水质始终保持活爽状态。

三是科学投喂饲料。选用全价配合精饲料投喂，增强此阶段的摄食营养，同时可在鱼饲料中适量添加维生素、大蒜素等，增强鱼体免疫力和抗病能力。

四是轮捕轮放，合理密度。秋季进入养殖中后期，应注意控制好养殖密度，适时进行轮捕轮放，捕大留小，并及时用二氧化氯进行水体消毒。

五是注重池塘生态环境。保持好养殖池塘周边环境，勤除杂草；适时投放底改等环保制品改良池塘底质；同时对市场进行定期清理和消毒，及时清理并无害化处理池内死鱼等。

三、减少鱼类应激反应的措施

在养殖过程中，有新水入塘，养殖水环境发生了快速变化，鱼类产生应激反应，轻则病害发生，重则出现批量死亡，减少鱼类应激反应的措施有：

①多开动增氧机。通过开动增氧机进行搅水、曝气，增加池水的溶氧量，来缓解鱼类的应激反应。

②内服维生素C。先将维生素C用水溶解后均匀喷在人工配合饲料上，阴干30分钟左右进行投喂。

③投放沸石粉。用量为10～20克/米^3。

④使用微生物制剂。全池泼洒光合细菌（5～8千克/亩）或EM复合菌等生物制剂，消除水体中的氨氮、亚硝酸盐、硫化氢等有毒有害物质，对水质和底质进行改良。

⑤全池泼洒生石灰。暴雨过后，池水pH值会大幅下降，全池泼洒生石灰（5～10千克/亩），可使池水pH值相对稳定。

第四节　鱼病的诊断方法

一、巡塘观察

快速准确地诊断鱼病，对于控制鱼病的蔓延，减少经济损失至关重要。鱼类在临发病之前是有一定先兆的，可以从以下几方面的情况来判断鱼是否患病。

1. 看鱼的活动

正常健康的鱼活泼好动，常常集群游动，反应敏捷，受到惊吓后迅速潜入水底。病鱼经常是独自游动，速度很慢，而且费力，时游时停，喜欢停留在水面和池边，很容易就能捕捉到。部分病鱼浮在水面或拥挤成团，显得极度不安，时而上蹿下跳，时而急剧狂游或间断性急剧游动，时而头朝下，尾朝上，在水中打转（图 5.9）。

图 5.9　观察鱼的活动

2. 看吃食情况

健康的鱼吃食正常，到了吃食时间就向食台游动，寻找食物。投饵时成群集聚在食场周围争抢饲料，常发出“哗哗”的抢食声。而有病的鱼食欲明显减退，到嘴边的食物也不吃，反应十分迟钝，有时甚至不到食场去吃食。有时会发现鱼正在吃食时，忽然一惊，鱼群散开，然后再慢慢聚拢，继续进食，造成这种现象的原因是：鱼类患细菌性烂鳃病；鱼鳃中有指环虫或三代虫、车轮虫或者寄生有中华蚤；鱼体表有锚头蚤寄生；或患肠炎病。

二、眼观快速诊断技术

一般情况下，这种快速诊断技术仅限于对常见的、具有特征性症状的鱼类疾病的诊断，用于肉眼诊断的病鱼，要求是有典型症状的、濒临死亡或刚死不久的鱼，检查的部位和顺序是从体表、鳃瓣到内脏器官。

1. 体色和体表

正常的鱼体（图 5. 10）被有完整的鳞片，体色正常、鲜亮。而病鱼用眼睛观察一般体色发暗，没有光泽，鱼体发白，有的皮肤上有寄生虫咬伤后出现的各种斑点，并可发现大型寄生虫。根据体色和体表诊断鱼病的方法如下：发现病鱼肌肉、鳃盖和鳍基充血发红，可初步诊断为病毒性出血病或爆发性鱼病；鳞片脱落、体表斑点状充血发炎，出现溃疡，则为赤皮病；鱼体着有棉絮状白色物，则为水霉病；体表黏液较多并有小米粒大小、形似臭虫状的虫体为鱼鲺病；体表有白色亮点，离水两小时后亮点消失则为小瓜虫病；部分鳞片出发炎红肿，有红点并伴有针状虫体寄生则为锚头鳋病；头部和嘴部周围色素消失，在水中呈现白头白嘴特征，离水后又不明显的则为白头白嘴病；鱼苗、鱼种成群在池塘周边或池水表面狂游，且头部充血呈红点，死亡多且迅速，一般为车轮虫病；鱼体头部发黑一般都伴有烂鳃病。此外，鱼体发白而无其他异常，一般都是缺乏微量元素或多维；病鱼眼睛突出，且鳞片松立，一般为池塘有毒所致；鱼体颜色花，有的地方白，有的地方黑，一般都是细菌性腐皮病或肝胆综合征的前兆；鱼体呈弯曲状，可能是由于营养不良或有机磷中毒所致。

2. 鳃部检查

正常的鱼鳃（图 5.11）呈鲜红色，鳃丝整齐、紧密，而且鳃盖表皮完整。病鱼的鳃丝腐烂发白、尖端软骨外露，并有污泥和黏液，有的鳃盖骨透明或腐蚀成小洞，则为烂鳃病；鳃丝因贫血而发白，很可能是鳃霉病或球虫病；鳃丝末端挂着像蝇蛆一样的白色小虫则为中华鳋病；鳃部浮肿，鳃盖张开不能闭合，鳃丝失去鲜红色呈暗淡色则为指环虫病；鳃丝呈紫红色，并伴有大量黏液则应考虑是否为中毒性疾病，如过量使用有机氯消毒剂时这种现象较常见。

图 5.10　正常鱼体色

图 5.11　正常鱼鳃

3. 内脏检查

鱼的内脏包括心、肝、脾、肠、鳔、性腺等。从肛门部位向上方沿侧线剪至鳃盖后缘，向下剪至胸鳍基部，打开整片侧肌，内脏就可完全暴露出来。先观察内脏有无腹水和大型寄生虫，其次观察内脏的颜色和外表是否正常。再用剪刀把靠咽喉部位的前肠和靠肛门的后肠剪断，取出整个内脏置于解剖盘中，将肝、胆、脾、鳔等器官逐一分开，剪开肠管，去除肠内食物残渣和粪便，进行仔细观察（图 5.12）。可做出如下诊断：发现肠壁充血发炎且伴有大量黄色黏液，即为肠炎病；若肠道全部或部分出现充血，肠壁不发炎则为出血病；前肠段肿大，但肠道颜色外观正常，肠内壁含有许多白色絮状小结节则为球虫病或黏孢子虫病。

图 5.12　内脏检查

三、显微镜快速诊断技术

简易显微镜快速诊断法，就是应用普通显微镜对鱼类进行疾病的检查与诊断。这种方法在水产养殖生产第一线的应用最为广泛，是根据目检时所确定的病变部位，作进一步的诊断，常用于对病鱼的体表、鳃、肠道、眼、脑等部位常见的寄生虫性病原进行快速诊断。

1. 体表快速镜检法

在发病鱼体表疑似病变部位上取适量组织和黏液均匀涂布于载玻片上，再滴加一滴无菌生理盐水，盖上盖玻片，于显微镜下观察，原则是先以低倍镜观察，再以高倍镜观察。体表常见的寄生虫种类主要有车轮虫、小瓜虫、斜管虫、黏孢子虫、鱼波豆虫、钩介幼虫等。体表镜检时，一般每个部位至少检查两个不同疑似位点。

2. 鳃丝快速镜检法

鳃丝常见的寄生虫主要有指环虫、三代虫、隐鞭虫、黏孢子虫等。诊断时，用镊子取一小部分鳃丝和黏液置于载玻片上，然后进行显微镜下诊断。

3. 肠道快速镜检法

肠道常见的寄生虫主要为毛细线虫、艾美虫、黏孢子虫等，诊断时，用镊子取适量前肠壁黏液置于载玻片上，然后进行显微镜下诊断。

4. 眼部快速镜检法

如果发现病鱼眼睛浑浊，晶状体模糊时，可将病鱼整个眼球晶状体取下，置于载玻片上镜检。如果见到双穴吸虫囊蚴则可定为双穴吸虫病。

5. 脑部快速镜检法

如果发现鱼发生疯狂病，可将病鱼脑腔剖开，仔细观察在脑旁拟淋巴处是否有白色的黏孢子虫孢囊。若有，可用镊子将孢囊取出置于载玻片上压碎，显微镜下检查时可以见到许多孢子，即可确诊。

四、水质化验和现场调查

引起鱼类发病的原因很复杂，单纯检查鱼体不一定能找到真正的病因，还需考虑水中是否存在有毒物质，需要对池水进行化验，同时还要了解鱼病发生的全过程（即何时开始死鱼，每天死亡数量以及病鱼的活动情况等），历年鱼病情况，渔场周围环境（水中是否有敌害，附近是否有污染源）以及放养密度、施肥、投饵、运输、拉网等饲养管理情况。

第五节　草鱼常见病的诊断和防治

因为鱼类是群体生活，生存环境的理化指标对鱼类的正常生长很重要，合理的理化指标才能保证鱼类的健康生长。因此，在用药物治疗鱼类疾病前，必须先检测池塘水质，了解掌握水体的溶氧、pH 值、氨氮、亚硝酸盐等理化指标，如果超标，一定要修复到正常值时，才能使用药物治疗鱼病。

一、草鱼出血病

1. 病原体

水生呼肠孤病毒。

2. 流行情况

每年 6—9 月是主要流行季节，水温在 20 ~ 33℃时流行，最适流行水温为 25 ~ 28℃。当水质恶化，水中溶氧偏低，透明度低，水温变化加大，鱼体抵抗力低下，易流行，8 月为流行高峰。水温降至 25°C 以下，病情就逐渐消失。

3. 主要症状

根据鱼病表现的症状及病理变化，大致可分为三种类型：

①“红肌肉”型：病鱼外表无明显的出血症状，有时仅表现轻微出血，但肌肉明显充血，往往全身肌肉均呈红色（图5.13），与此同时鳃瓣则往往严重失血，出现“白鳃”（图5.14）。

图5.13　鱼体肌肉充血

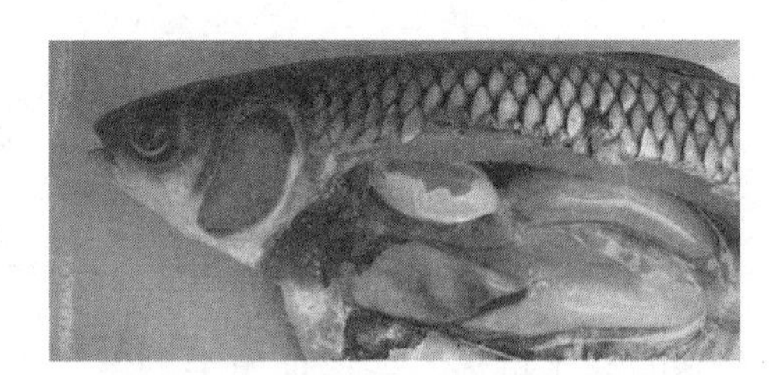

图5.14　白鳃

②红鳍红鳃盖型：病鱼的鳃盖、鳍基、头顶、口腔（图5.15）、眼眶等表现明显的充血，有时鳞片下也有充血现象，但肌肉充血不明显，或仅出现局部点状充血。这种类型常发生于15厘米以上的草鱼种上。

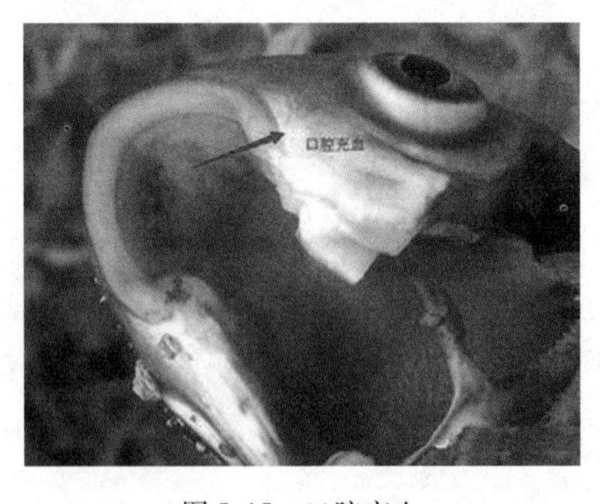

图5.15　口腔充血

③肠炎型：特点是体表及肌肉的充血现象均不明显，但肠道充血严重，肠道全部或局部呈鲜红色，肠系膜、脂肪、鳔有时发生点状充血。这种类型在大小草鱼种上都有发生。

这三种类型的症状，不能截然分开，有时会混杂出现。

4. 防治方法

①清塘消毒。清除池底多余的淤泥，改善池塘养殖环境，并用浓度200毫克/升生石灰水或20毫克/升漂白粉水（含有效氯30%）泼洒消毒。

②鱼种下塘前进行鱼体药浴消毒。

③池塘水体消毒。发病季节到来时，每亩水面，水深1米时，每次用生石灰15千克溶水全池泼洒1次。

④人工免疫预防。在鱼种投放前，人工注射草鱼出血病灭活疫苗，可产生特异性免疫力，预防出血病的发生。

⑤每千克鱼用克列奥－鱼复康50克拌饲投喂，每天1次，连喂3～5天，可预防此病。

⑥每100千克鱼每天用大黄、黄芩、黄柏、板蓝根各125克，再加0.5千克食盐拌饲料投喂，连喂7天。

二、肠炎病

1. 病原体

点状产气单胞杆菌。

2. 流行情况

在水温18℃以上开始流行，25～30℃为流行高峰期。由于使用的人工配合饲料质量问题，常引起肠炎病的发生（图 5.16），此病常和细菌性烂鳃病、赤皮病并发，造成的经济损失较大。

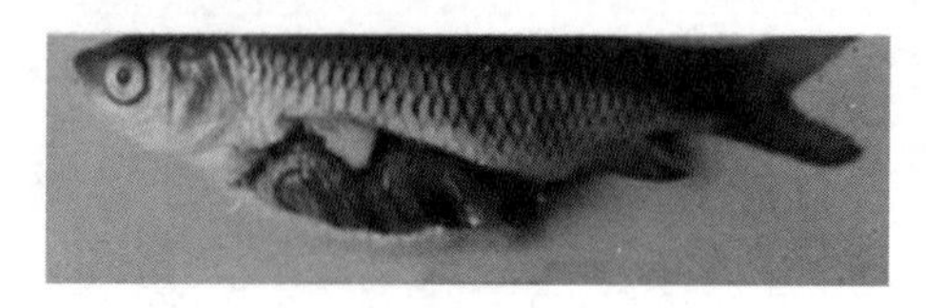

图 5.16　肠道发炎

致病菌在养殖水体及池底淤泥中常有大量存在，在健康鱼体的肠道中也常有。当鱼处在良好的环境条件下且体质健壮时，鱼不会发病；当发生养殖水质恶化、溶氧量偏低、氨氮含量高、饲料变质、吃食不均现象时，鱼的抵抗力下降，就容易引发疾病。该病的传播主要是病原体随病鱼及带菌鱼的粪便排入水中，污染饲料和水体，经口传染。

3. 主要症状

病鱼鱼体发黑，食欲减退，直至完全不能进食。病鱼离群独游，游动缓慢，对外界刺激反应迟钝。患发细菌性肠炎时，发病早期解剖检查，可见肠壁局部充血发炎（图 5.17），肠腔内没有食物或只在肠的后段有少量食物，肠内积液较多；发病后期可见全肠呈红色，肠壁弹性较差，肠内没有食物，只有淡黄色积液，肛门红肿突出。患病严重时表现，鱼的腹部膨大，腹腔内积有淡黄色腹水，肠壁上有红斑，整个肠壁因淤血而呈紫红色，肠管内积液很多，将病鱼的头部举起，即有黄色黏液从肛门流出。患发病毒性肠炎时，肠壁剪开会发现黏液很少，肠壁有时候会有出血点，肠道内有时候会有血液，刮取肠壁黏液有很多红细胞（直接出血）。

4. 防治方法

①每立方米水体用漂白粉 1 克溶水全池泼洒。

图 5.17　肠道充血

②经常换水，施用活菌制剂保持好良好水质。

③每 100 千克鱼，每天用鱼复康 A 型 250 克拌饵料分上、下午 2 次投喂，连喂三天。

④每 100 千克鱼用大蒜 500 克、食盐 200 克粉碎后拌料投喂，连喂 5 天。

⑤预防过肠炎后，如果能用 EM 菌、芽孢杆菌、乳酸菌等活菌制剂拌料内服，恢复其肠道菌群，对于草鱼生长、疾病预防都非常有好处。

三、烂鳃病

1. 病原体

嗜纤维黏细菌。

2. 流行情况

在水温 15℃以上开始发病和流行，一般在 15 ~ 30℃，该病随水温升高而易爆发流行，4—10 月为流行季节，7—9 月为流行盛期。主要危害当年草鱼，从鱼种到成鱼均可发病，1 ~ 2 龄鱼的发病期多在 4 – 5 月，发病死亡率可达 80% 以上，是草鱼养殖过程中的常见病和多发病。

3. 主要症状

病鱼体色发黑，食欲减退，游动迟缓，反应迟钝，严重时离群独游，不吃食；病鱼鳃盖骨的内表皮往往充血，中间部分的表皮常腐蚀成一个圆形的不规则的透明小窗（俗称开天窗，如图5.18）；鳃上黏液增多，呈淡黄色，鳃丝腐烂带有污泥（图5.19），鳃的局部因缺血呈淡红色或灰白色，有的则因局部淤血而呈紫红色，甚至出现小出血点；严重时，鳃小片坏死脱落，鳃丝末端缺损，鳃丝软骨外露。

图5.18　鳃盖“开天窗”

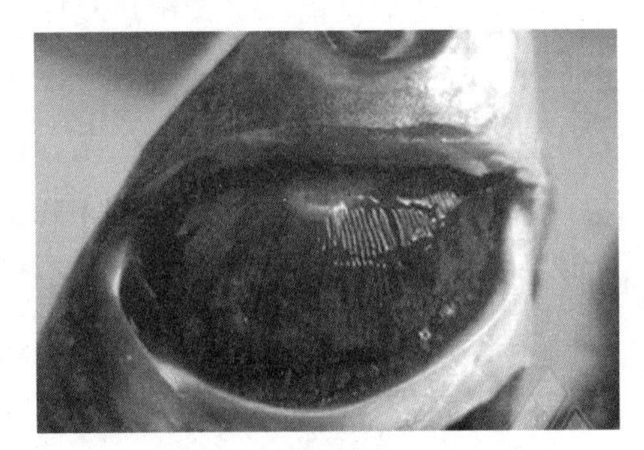

图5.19　鳃丝腐烂

4. 防治方法

① 池塘用生石灰或漂白粉彻底清塘消毒；发病季节用漂白粉在食场挂密篓3～6只，将竹篓口露出水面约3厘米，篓内装入100克漂白粉，每天换药1次，连续3天。

② 二溴海因或溴氯海因全池泼洒，用量为0.2～0.3克/米^3。

③ 用庆大霉素（含量500万～1 000万单位）拌饵投喂，连服3～6天，用量5～10克/千克饲料。

④ 5毫克/升光合细菌全池泼洒，有预防、治疗及改善水质的综合作用。

四、赤皮病

1. 病原体

荧光假单胞菌。

2. 流行情况

此病是草鱼鱼种和成鱼阶段的主要鱼病之一。鱼的体表完整无损时，致病病原体无法侵入鱼体的皮肤；只有鱼体受机械损伤或冻伤，或体表被寄生虫损伤时，病菌才能侵入鱼体，引起发病。此病全年流行，发病最适水温为25～30℃。在北方地区，因越冬鱼体冻伤，入春后易造成发病和流行。

3. 主要症状

病鱼体表局部或大部出现发炎，鳞片松动脱落，特别是鱼体两侧及腹部最明显（图5.20）；鳍的基部充血，鳍的末端腐烂似一把破扇，在体表病灶处常继发水霉感染；有时病鱼的肠道也充血发炎，有的出现烂鳃症状，病鱼行动迟缓，反应迟钝，离群独游，不久即死亡。

图5.20　鳞片脱落、尾鳍腐烂

4. 防治方法

①鱼种投放操作时，尽量避免鱼体受伤，其他预防措施与烂鳃病相同。

②鱼种放养前，用 5～8 克/米^3 漂白粉浸洗鱼体 20～30 分钟。

③投喂磺胺噻唑药饵。按每 100 千克鱼第一天用药 10 克，第二天至第六天减半，用适量的面糊做黏合剂，拌入饵料中，做成药饵投喂。

④投喂土霉素药饵。按每 100 千克鱼重，用药 35 克制成药饵或拌入饵料中，分 6 天投喂，其中第一天用量应加倍。

⑤用漂白粉或五倍子全池泼洒，每立方米水体用漂白粉 1 克或五倍子 2～4 克。

五、白头白嘴病

1. 病原体

黏球菌。

2. 流行情况

本病是“四大家鱼”夏花阶段最常见的鱼病之一，尤其对夏花草鱼危害最大，一般鱼苗饲养 20 天左右，如不及时分塘，就易爆发此病。该病属爆发性疾病，发病快，来势猛，死亡率高。5—7 月流行，6 月为发病高峰期，7 月下旬以后发病少。

3. 主要症状

病鱼自吻端至眼前的头部前端皮肤色素消失，呈乳白色；唇似肿胀，嘴张闭不灵活，因而造成呼吸困难，口圈周围的皮肤腐烂，稍有絮状物黏附其上。隔水观察，可见“白头白嘴”症状（图 5.21），但将病鱼捞出水面观察，往往症状不明显。病鱼反应迟钝，常停留在下风处近岸边，不久死亡。

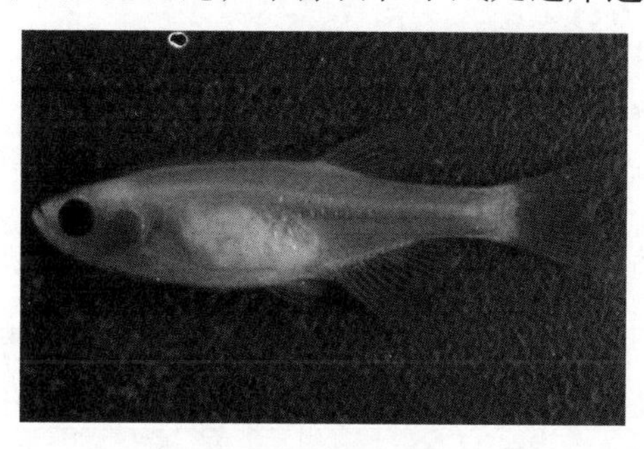

图 5.21　白头白嘴

4. 防治方法

①鱼苗放养的密度要适中，养殖期间要适时分塘；平时要加强饲养管理，保证鱼苗有充足的饲料和良好的生活环境。

②发病初期可用 1 克/米^3 漂白粉全池遍洒，连用 2 天；亦可用优氯净 0.3 克/米^3 全池泼洒。

③二溴海因全池泼洒，用量为 0.2～0.3 克/米^3。

④每立方米水体用五倍子 2～4 克全池遍洒；或每立方米水体用乌桕叶干粉 6.25 克或鲜叶 25 克，放入含 2% 的生石灰水中浸泡并煮沸 10 分钟，全池遍洒。

六、水霉病

1. 病原体

真菌水霉科中的许多种类。

2. 流行情况

全年可发病，早春和晚冬是流行最适宜的季节。

3. 主要症状

此病又称肤霉病、白毛病。病鱼最初感染水霉菌时，肉眼看不出什么病症，当肉眼看到时菌丝已向外生长，成灰白色棉絮状（图 5.22），病鱼焦躁不安，食欲减退，极度消瘦，常出与其他固体摩擦的现象，以后患处肌肉溃烂，最终死亡。

图 5.22　鱼体感染水霉

4. 防治方法

①在牵捕、搬运和放养过程中，勿使鱼体受伤，同时注意合理的放养密度。

②每亩水面用 2 ~ 5 千克菖蒲汁，0.5 千克食盐，加入 2 ~ 20 千克人尿，全池泼洒。

③用 4/10 000 小苏打和 4/10 000 的食盐水混合溶液全池泼洒。

七、跑马病

1. 病因

多因鱼苗下池后，阴雨连绵，水温较低，池水肥不起来，缺乏鱼苗适口饵料所引起，鱼苗围绕池边成群狂游呈现跑马状（图 5. 23）。

图 5. 23　跑马病

2. 流行情况

主要发生在鱼苗和夏花苗种培育阶段。

3. 主要症状

鱼苗围绕池边成群结队狂游，长时间不停止，因体力消耗衰竭而死。

4. 防治方法

①要注意育苗放养不能过密；鱼苗下池 10 天后，要投喂一些豆浆或豆渣

等鱼苗适口饵料，有利培肥水质。

②发生跑马病的鱼池，可用芦席从池边向中间横立，以隔断鱼苗成群狂游路线。

八、小瓜虫病

1. 病原体

多子小瓜虫。

2. 流行情况

草鱼小瓜虫病是一种国际性鱼病，尤以不流动和小水体、高密度养殖的幼鱼较为严重。虫体的繁殖适宜温度为15～25℃，流行于春季（3—5月）、秋季（10—11月），会出现鱼种暴发性死亡现象，当水质恶化、养殖密度过高、鱼抵抗力低下时，冬季、盛夏也可发生，借助胞囊及幼虫传播。

3. 主要症状

虫体寄生在鱼体的表面、鳍条、鳃上，形成1毫米以下的小白点（图5.24）。严重时，躯干、头、鳍、鳃、口腔等处都布满小白点，同时伴有大量黏液，表皮糜烂、脱落，甚至蛀鳍、瞎眼；病鱼体色发黑，消瘦，游动异常，鱼常与固体物摩擦，最后呼吸困难而死。

4. 防治方法

①鱼池应用生石灰彻底消毒，减少病原体。

②阿维菌素乳油全池泼洒，用量0.02～0.03毫升/米^3。

③亚甲基蓝全池泼洒，用量2～3克/米^3。

图 5.24 鱼体表寄生的小瓜虫

九、锚头鳋病

1. 病原体

草鱼锚头鳋。

2. 流行情况

全国各地均流行，对鱼种影响较为严重。在水温 12～33℃繁殖，夏季为流行季节。

3. 主要症状

病鱼最初呈现不安，食欲减退，消瘦，游动迟缓；锚头鳋以其头部和一部分胸部深深地钻入鱼的肌肉组织中或鳞片下，肉眼观察可见体表锚头鳋（图 5.25），虫体四周组织红肿发炎，甚至溃烂，近伤口的鳞片被虫体分泌物溶解、腐败成缺口。

4. 防治方法

①鱼池用生石灰彻底清塘，杀灭锚头鳋幼虫及虫卵。严禁病鱼入池，引

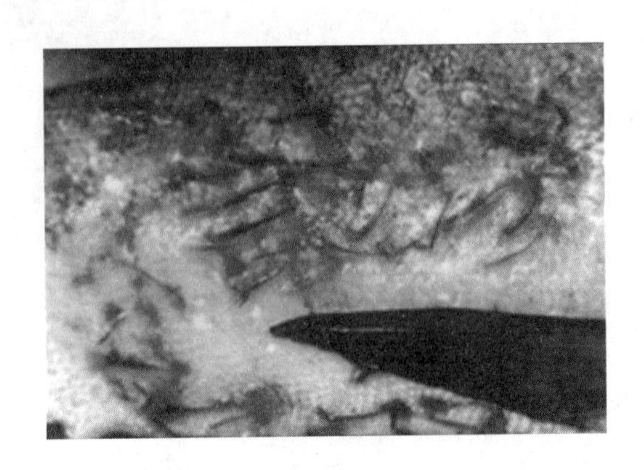

图 5.25　鱼体寄生的锚头蚤

起感染。

②鱼种放养前，用 0.05×10^{-6}（水温 15～20℃时）或 0.1×10^{-6}（水温 21～30℃时）的高锰酸钾溶液浸泡病鱼 1.5～2 小时。

③鱼用灭虫灵全池泼洒，使池水成 0.5 毫克/升浓度。

④全池泼洒 90% 晶体敌百虫，使池水成 0.3～0.7 毫克/升浓度，连续 2 次，可杀死锚头鳋幼虫。

⑤阿维菌素乳油泼洒，用量 0.02～0.04 毫升/米^3。

十、大中华鳋病

1. 病原体

桡足类大中华鳋。

2. 流行情况

此病在我国流行甚广，5 月上旬至 9 月下旬流行最盛，大中华鳋主要危害 2 龄以上的草鱼，严重时可引起病鱼死亡。

3. 主要症状

当鱼轻度感染时，一般无明显症状，严重时，引起鳃丝末端发炎、肿胀、发白；翻开鳃盖可见鳃丝末端挂有白色小虫（图 5.26）；病鱼显得不安，在水中跳跃，食欲减退，呼吸困难，离群独游，鱼的尾鳍上叶往往露出水面，最后鱼体因消瘦、窒息死亡。

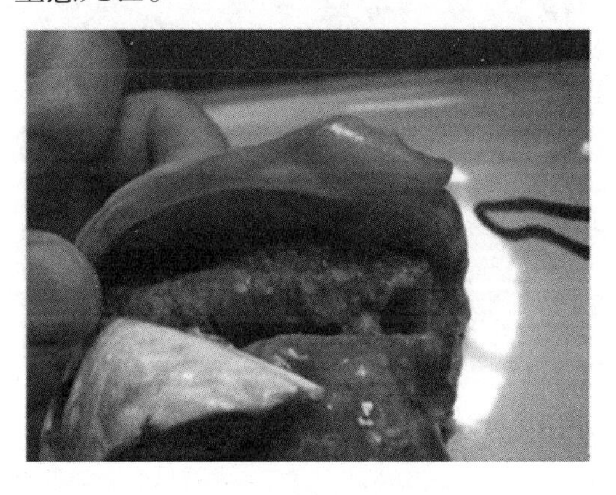

图 5.26　鳃丝感染鳋

4. 防治方法

①生石灰彻底清塘，杀死虫卵和幼虫。

②用 90% 晶体敌百虫全池泼洒，使水体药物浓度达到 0.3～0.5 毫克/升。每隔 5 天用药 1 次，连用 3 次为 1 个序程。

③晶体敌百虫（或硫酸铜）和硫酸亚铁合剂（5∶2）全池泼洒，使池水药物浓度达到 0.7 毫克/升。

十一、车轮虫病

1. 病原体

车轮虫（图 5. 27）和小车轮虫。

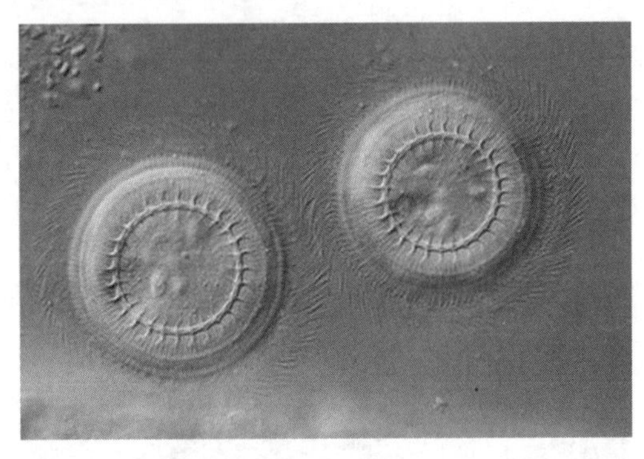

图 5. 27　车轮虫

2. 流行情况

一年四季均可发生。流行的高峰季节是 5—8 月，在鱼苗养成夏花鱼种的池塘中最易发生。适宜车轮虫繁殖的水温为 20 ~ 28℃。一般池小、水浅、水质不良的环境以及放养密度大、连续下雨的情况下，易造成此病的流行。从鱼体脱落的车轮虫，能在水中生活 1 ~ 2 天，可直接侵袭新的寄主。鱼池中的蝌蚪、水生甲壳动物、螺类和水生昆虫都可成为车轮虫的临时携带者。

3. 主要病症

主要危害鱼苗和鱼种，少量寄生时，无明显症状；一旦车轮虫大量在体表和鳃上寄生，临池观察，鱼苗呈“白头白嘴”症状，或者成群绕池狂游，呈“跑马”症状。病鱼除体表发黑、消瘦、离群独游外，并无明显病症。主要是鳃组织腐烂，鳃丝软骨外露，严重影响鱼的呼吸功能，使鱼缺氧，窒息而死（图 5.28）。

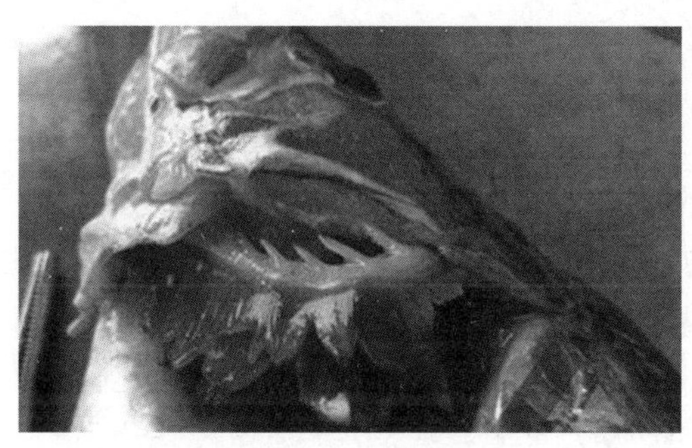

图 5.28　感染车轮虫的鱼鳃

4. 防治措施

①鱼池放养前用生石灰彻底清塘消毒。

②鱼体用 8 毫克/升硫酸铜溶液浸洗 30 分钟，或用 1% ~2% 盐水浸洗 2 ~5 分钟进行消毒。

③发病池塘用硫酸铜和硫酸亚铁合剂（5∶2）全池泼洒，使池水成 0.7×10^{-6} 浓度。在鱼苗密度很高的“发塘”池中使用时，将合剂剂量减半泼洒，每天泼洒 1 次，连续 2 天。

④用 30×10^{-6}的甲醛溶液浸浴 15 ~20 分钟，有一定疗效。

十二、指环虫病

1. 病原体

草鱼的致病种类为腮片指环虫（图 5.29）。

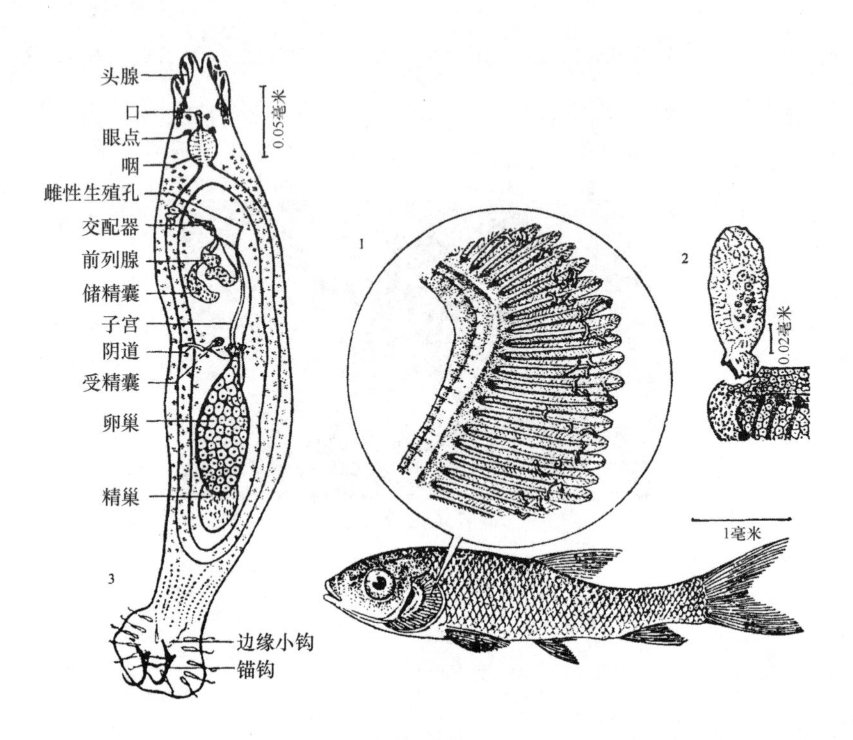

图 5.29　指环虫

2. 流行情况

主要靠虫卵即幼虫传播，流行于春末夏初，适宜水温为 20～25℃。指环虫多数对宿主有特异性。鱼苗、夏花鱼种每片鳃上寄生 20 个左右，1 龄左右的鱼，每片鳃上寄生 50～100 个左右即可造成死亡。

3. 主要病症

病鱼无明显的体表症状，一般表现出鱼体瘦弱，游动乏力，浮于水面。鱼苗和夏花鱼种大量寄生指环虫时，常因鳃丝肿胀而引起鳃盖张开；翻开鳃盖，可见鳃上有白色不规则的小片状物，并有蠕动感。病鱼鳃通常黏液增多，有局部或全部贫血现象（图 5.30）。此病需在显微镜下确诊。

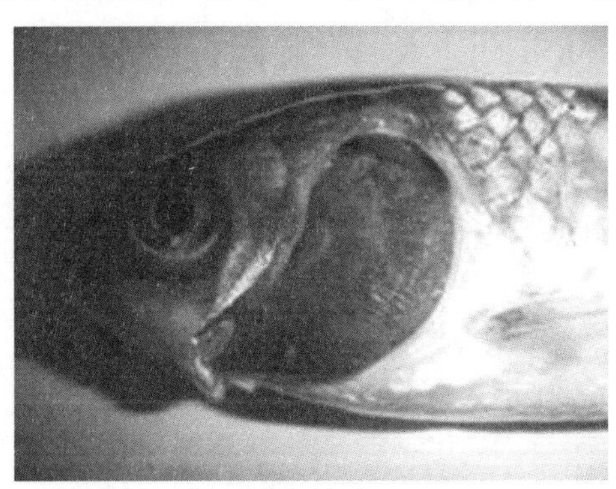

图 5.30　感染指环虫的鱼鳃

4. 防治措施

①鱼池放养前，用生石灰 150 千克/亩·米，全池泼洒，可有效杀灭指环虫卵；

②鱼种下塘前，用晶体敌百虫浓度为 1 毫克/升或高锰酸钾浓度为 15 ~ 20 毫克/升的溶液浸洗鱼体 15 ~ 30 分钟；

③水温 20 ~ 30℃ 时，全池遍洒 90% 晶体敌百虫，使池水药物浓度达到 0.5 ~ 0.7 毫克/升，7 天后重复用药 1 次，防止复发。治疗用药时间以下午 4：30—18：00 时效果好；

④全池遍洒晶体敌百虫与面碱合剂（1∶0.6），使池水药物浓度达到 0.1 ~ 0.2 毫克/升。或用阿维菌素乳油全池泼洒，用量为每立方米池水用药 0.02 ~ 0.03 毫升。

注意事项：晶体敌百虫针对鱼类指环虫的防治，不可长期使用。二次使用后效果不佳，就得考虑其他杀虫剂进行代替，防止产生抗药性。

第六节　从肝胆入手综合防治草鱼“三病”

一、检测水质

水质过肥或者氨氮偏高时，必须先改良水质，一般用磁性水质改良剂泼洒池塘一次即可。

二、鳃部检查

镜检鳃部是否感染寄生虫，特别是车轮虫，如发现鳃部寄生虫的池塘，必须先杀灭鱼体的寄生虫。

三、内服药饵

采用中西药复合制剂进行投喂，中药可起到保肝利胆通肠的作用，西药用来抗菌、灭菌。中药可选用五味子、丹参、五加皮、艾叶、黄芪等五味中药按比例混合使用，或与“五子保肝灵”结合投喂均可。

采用以上综合措施对草鱼“三病”（烂鳃病、肠炎病、赤皮病）进行治疗，鱼病一般可在3~5天即可康复。但治疗期间应注意以下3点：

①草鱼停止喂青草，待康复后再投喂；

②每天中午多开增氧机，增加池塘中溶氧，有利于病鱼的康复；

③不要大量往池塘加注新水，避免底层有害物质的快速散发和水的温差变化刺激鱼体，不利康复。

第七节　合理用药的原则

科学合理地使用渔药，既能及时防治鱼类疾病，提高经济效益，又能在减少药物残留的同时，提高水产品质量，为消费者提供安全、绿色的水产食品。坚持选用高效低毒、安全环保渔药的同时，科学配伍使用渔药，可以达到增强疗效、缩短疗程、降低成本、增加收入的目的。要做到合理用药和科学用药，杜绝使用禁用渔药（表5.2），应把握以下原则。

表5.2　国家禁用渔药清单

序号	药物名称	英文名	别名
1	孔雀石绿	Malachite green	碱性绿
2	氯霉素及其盐、酯	Chloramphenicol	
3	己烯雌酚及其盐、酯	Diethylstilbestrol	己烯雌酚
4	甲基睾丸酮及类似雄性激素	Methyltestosterone	甲睾酮
5	硝基呋喃类（常见如）		
	呋喃唑酮	Furazolidone	痢特灵
	呋喃它酮	Furaltadone	
	呋喃妥因	Nitrofurantoin	呋喃坦啶
	呋喃西林	Furacilinum	呋喃新
	呋喃那斯	Furanace	
	呋喃苯烯酸钠	Nifurstyrenate sodium	
6	卡巴氧及其盐、酯	Carbadox	卡巴多
7	万古霉素及其盐、酯	Vanomycin	
8	五氯酚钠	Pentachlorophenol sodium	
9	毒杀芬	Camphechlor（ISO）	氯化烯
10	林丹	Lindane 或 Gammaxare	丙体六六六
11	锥虫胂胺	Tryparsamide	
12	杀虫脒	Cholrdimeform	克死螨
13	双甲脒	Amitraz	二甲苯胺脒
14	呋喃丹	Carbofuran	克百威
15	酒石酸锑钾	Antimony potassium tartrate	
16	各种汞制剂		

续表

序号	药物名称	英文名	别名
	氯化亚汞	Calomel	甘汞
	硝酸亚汞	Mercurous nitrate	
	醋酸汞	Mercuric acetate	乙酸汞
17	喹乙醇	Olaquindox	喹酰胺醇
18	环丙沙星	Ciprofloxacin	环丙氟哌酸
19	红霉素	Erythromycin	
20	阿伏霉素	Avoparcin	阿伏帕星
21	泰乐菌素	Tylosin	
22	杆菌肽锌	Zinc bacitracin premin	枯草菌肽
23	速达肥	Fenbendazole	苯硫哒唑
24	磺胺噻唑	Sulfathiazolum ST	消治龙
25	磺胺脒	Sulfaguanidine	磺胺胍
26	地虫硫磷	Fonofos	大风雷
27	六六六	BHC（HCH）或 Benzem	
28	滴滴涕	DDT	
29	氟氯氰菊酯	Cyfluthrin	百树得
30	氟氰戊菊酯	Flucythrinate	保好江乌

一是防重于治的原则。在水产养殖过程中，部分养殖者对鱼类疾病的特殊性认识不足，重治疗、轻预防。但由于鱼类的生活环境和给药方法与其他动物有很大的差异，一旦鱼不摄食，治疗就非常困难。

二是对症下药的原则。正确诊断疾病是对症下药的前提，如果对鱼类发病过程没有足够的认识和了解，药物治疗就是无的放矢，耽误治疗。在用药治疗时，同一种疾病也不能长期使用同一种药物治疗，以防病菌产生耐药性。

三是适度剂量的原则。鱼病防治时，剂量太小达不到预防和治疗的效果；剂量太大既增加成本，又会产生中毒和药物残留等不良反应。施药中坚决反对滥用药物，尤其不能滥用抗菌药物。

四是联合用药的原则。正确诊断出疾病后，应选择最有效、最安全的渔药进行治疗。除了确实具有协同作用的联合用药外，要慎重使用固定剂的联合用药，特别是抗菌药物。

五是合理疗程的原则。在鱼病防治中，如果用药时间过短，不能彻底杀灭病原体，也不能实现治疗的目的，还可能给再次治疗带来困难；如果用药时间太长，不仅增加生产成本，可能还会造成药物残留，影响水产品的质量，同时对水域环境造成污染。

总之，渔药的使用应以不危害人类身体健康和破坏生态环境为最基本的原则。

第八节　合理用药“七禁忌”

一是忌缺氧浮头时泼药。鱼类缺氧浮头时绝对不能泼药，否则会引起鱼类烦躁不安，甚至大批死亡。

二是忌在气压低，阴雨连绵的天气泼药。阴雨连绵、气压低或气温骤变、突降暴雨，都会使池水缺氧和引起水质骤变，这时不能泼洒药物，否则会引起鱼类浮头甚至大批死亡。泼洒应选择晴天、天气清爽时进行。

三是忌清晨泼药。池塘中的溶氧在清晨时最低，若清晨泼药最容易造成鱼类缺氧浮头。泼洒药物最适宜在早上9：00—10：00时，下午16：00—

17：00 时，因为傍晚气温、水温降低，可减少鱼类的不安和体能消耗。

四是忌在投饵前泼药。投饵前泼药，会影响鱼类的正常摄食，一般应在鱼类摄食完后 2 ~ 3 小时泼药。

五是忌泼洒为溶解的药物。为溶解的药物颗粒常会被鱼类误食，而导致中毒死亡。药物化水必须充分溶解后才能向池塘均匀泼洒。

六是忌超剂量用药。用药需按照药物使用说明，计算好池塘面积、水深、药量。超标用药常会造成药物残留过高和中毒死鱼事故，另外还会污染水环境。

七是忌使用过期失效的药物。好似用过期失效的药物不仅达不到防病效果，还会延误治疗时机，在使用时，要注意药物的有效期。

第六章
草鱼池塘健康养殖高产实例

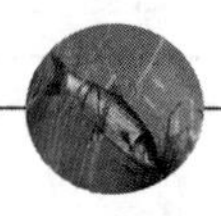

山西省永济市位于山西省南部，地处黄河三角地带，滩涂渔业发展迅速，草鱼已成为为该地区池塘养殖的水产品种之一。多年来，当地水产技术推广部门，针对草鱼养殖易得病、死亡率高的特点，适时推广了底层增氧、膨化饲料、疫苗免疫、光合菌调控水质等新型实用技术，有效地提高了草鱼的生长速度和成活率，亩产达到2 000～2 500千克，成活率90%左右，也涌现出不少以草鱼为主的池塘健康养殖高产高效典型户。现选择一些有代表性和推广价值的高产、优质、高效实例，供养殖户参考。

一、山西省永济市太吕滩涂养鱼专业合作社任老虎渔场

以池塘面积10亩的1号池为例。亩产2 250千克，其中草鲤鱼亩产2 000千克，花白鲢亩产250千克，草鱼平均出塘规格1.05千克/尾，草鱼、鲤鱼成活率90%，11月开始出塘销售。

1. 池塘基本条件

池塘东西走向，采光度好，池形长方形，长宽比1.9∶1，池水最深2.5～

2.7 米，池塘配备 4 个增氧机，1 台自动投饵机。

2. 池塘鱼种放养情况

亩投放规格为 62.5 克/尾的草鱼种 1 650 尾/亩，规格为 75 克/尾的白鲢鱼种 200 尾/亩，规格为 150 克/尾的花鲢鱼种 80 尾/亩，规格为 100 克/尾的鲤鱼种 350 尾/亩（表 6.1）。

表 6.1　主养草鱼池塘（10 亩）放养情况

品种	投放时间	规格（克/尾）	总投放数量（尾）	投放总重量（千克）
草鱼	3.20	62.5	16 500	1 031
白鲢	3.20	75	2 000	150
花鲢	3.20	150	800	120
鲤鱼	3.20	100	3 500	350

3. 主要技术措施

①2 月 10 号左右清塘，清除池底多余的底泥，留 10 厘米淤泥。3 月 10 号加水约 80 厘米，水中加如敌百虫杀灭水体害虫，并用三氯异氰脲酸进行消毒。消毒至少 7 天后投放鱼种。

②投放鱼种时，注射草鱼三联免疫疫苗，注射完后直接放入鱼池，3 ~ 4 天后对池塘进行水体进行消毒，把苯扎溴氨和二氧化氯混合后全池泼洒，具体用量为苯扎溴氨 100 毫升/亩，二氧化氯 100 毫升/亩，主要用于预防放养、疫苗注射过程中机械损伤导致的鱼体溃疡。10 天后施用代森氨进行杀虫。

③鱼种入塘后，开始驯化，每天仅投喂两次颗粒饲料，驯化成功后改为三次；自 6 月初，开始混合投喂膨化饲料（膨化饲料和颗粒饲料比例 1∶1），6 月下旬起，每天投喂 4 次；7 月高温天气不加饲料；10 月开始，全部投喂颗

粒饲料，并随水温的下降逐步减至每天 3 次和 2 次。全年该池塘总共投喂饲料 31 吨（表 6.2）。

表 6.2　饲料投喂情况

月份	3	4	5	6	7	8	9	10
投喂量（千克）	155	620	1 485	2 790	5 145	6 820	9 300	4 685
各月占比例（%）	0.5	2	4.8	9	16.6	22	30	15.1

饲料日投喂次数：前期投喂 2 次（9：00 时和 15：00 时）；中期 3 次（8：00 时、12：00 时和 16：00 时）或 4 次（7：30 时、10：30 时、14：30 时和 17：00 时）；后期随着温度的降低，投喂次数逐步减少：投喂 3 次（9：00 时、12：00 时和 16：00 时），2 次（10：00 时和 15：00 时）。霜降停料，如遇温暖天气，每天可投喂 1 次（14：00 时）。

饲料成分具体配比见表 6.3 和表 6.4。

表 6.3　颗粒料产品成分表

粗蛋白≥	粗纤维≤	粗灰分≤	粗脂肪≥	总磷≥	水分≤	赖氨酸≥
31.0	10.0	14.0	5.0	1.0	12.0	1.80

表 6.4　浮性配合饲料产品成分表

粗蛋白≥	粗纤维≤	粗灰分≤	粗脂肪	总磷≥	水分≤	赖氨酸≥
31.0	8.0	12.0	2.0 – 7.0	0.9	13.0	1.4

4. 日常管理

①高温天气，下午 13：00—15：00 时开增氧机两个小时，晚上 23：00

时开增氧机至次日6：00—7：00时；阴雨天随时观察鱼类缺氧状况，及时开增氧机。

②每10天加水一次，每次加水10～15厘米，加水周期随温度、水质随时进行调整。

③水质调节，以加水为主，10～15天用芽孢杆菌、光合细菌或者EM菌全池泼洒1次，每10亩一袋肥力壮，视水质情况调整用药剂量。

④由于能适时使用微生态制剂，一般不杀虫，只在养鱼早期和中后期用代森氨杀1次虫。

5. 鱼病防治

①5月20日，预防草鱼三代指环虫，全池泼洒指环药物，用量为每亩水深1米用药200克。

②伏天6月初，预防草鱼肠胃炎，池中投入二氧化氯泡腾片，可快速杀灭各种致病微生物，促进池底有毒气体向水体外排放。

③定期进行水质调节，能够有效地预防草鱼疾病的发生，后期遇到烂鳃等疾病都是可以控制的，使用的药品是戊二醛（70～80毫升/亩）或者二氧化氯（200克/亩）等。

④苦参沫对于车轮虫的治疗，比化学药品效果好，化水拌药饵投喂鱼，连用5～7天。

（调查员：张 燕）

二、山西省永济市鸳鸯养鱼专业合作社李小孟渔场

以一口养殖面积10亩的池塘为例。

1. 池塘基本条件及准备情况

池塘水深2.5米，配备3千瓦叶轮式增氧机4台，100瓦自动投料机

2 台。

2. 鱼种放养及商品鱼收获情况

投放时间 4 月 8—9 日或水温达到 12 ~ 13℃时，采用轮捕轮放的养殖模式。养殖密度和放养规格以及收获情况见表 6. 5。

表 6. 5　鱼种放养及商品鱼收获情况

品种	投放情况				成活率（%）	收获情况	
	投放时间	规格（克/尾）	总投放数量（尾）	总重量（千克）		规格（克/尾）	重量（千克）
草鱼	4. 8 ~ 9	330	9 000	2 970	95	1 500	12 825
	4. 8 ~ 9	100	10 000	1 000	95	1 500	14 250
白鲢	4. 9	50	3 000	150	98	750	2 205
花鲢	4. 9	150	600	90	98	1 500	882
鲫鱼	4. 8 ~ 9	40	2 000	80	98	250	490

3. 池塘准备

1—2 月进行池塘清整、干塘；放养前 12 天开始加水至 0. 8 米，并使用生石灰 50 千克/亩，全池泼洒消毒；消毒 10 天后竹筐内放入 10 尾试水鱼，放置在池边水中，随时观察鱼的游泳情况，数天后，若筐内鱼生活正常时即可正式投放鱼种。

4. 鱼种消毒和疫苗注射

所用鱼种全部为自育。当水温升至 11 ~ 12℃时，开始捕捞鱼种；先用 3% 的盐水浸泡鱼种 15 分钟，然后进行疫苗注射，剂量为 0. 2 毫升/尾，注射后直接投放入池塘；当水温15℃左右时，在下午14：00—15：00时，每亩用70毫升戊二醛进行消毒，连续两天，用以防治水霉病、细菌性疾病等。

5. 日常管理

(1) 水质调解

水温超过16℃时，在下午14：00—15：00时，用EM菌进行水质调节，剂量为500克/亩，频率一般为15天一次；过麦后（6月下旬）用芽孢与EM菌轮流使用，芽孢水剂用量500克/亩；鱼种入塘后每隔10天加水一次，每次10～20厘米。6月下旬后，7天加一次水，每次10～20厘米，每10天用菌制剂轮换调水一次。

(2) 饲草投喂

青饲料投喂、颗粒饲料和膨化饲料交替使用，6月以前投喂颗粒饲料，6月1号以后，投喂浮性饲料，8月底改用颗粒饲料。

颗粒饲料成分：蛋白含量30%，脂肪3.0%，总磷10.%，赖氨酸1.3%；膨化饲料成分：蛋白含量30%，脂肪2.0%，总磷10.%，赖氨酸1.3%。

青饲料投喂。所投青饲料喂苜蓿，从4月20号开始投喂，每天下午投喂15～25千克/亩，6月上旬开始5千克/亩，同时每半月用芽孢杆菌调水一次，投喂青草的同时，饲料不减量。

投喂次数。3—4月每天投喂三次，时间分别为8：00时、12：00时和16：00时；5月下旬至9月底，每天投喂4次，时间分别为7：00时、10：30时、13：00时和17：00时；每天最后1次投喂苜蓿。

投饵率。鱼种入塘后，初始投饵率为1%，以后每七天调整一次；水温15℃后，根据鱼体重确定当天投饵量，公式为：［鱼种重量+（上一阶段吃料量÷1.4）］×1%。

（3）增氧机的使用

从5月中旬开始，13：00—14：00时，开启增氧机曝气2小时；24：00时，开机至次日6：00—7：00时；7月以后，22：00时，开机至次日6：00时日出后停机；10月上旬，24：00点开机至次日日出后停机。

夏天遇鱼浮头或水温高于30℃时，在22：00—23：00时开机；同时，勤加水，每2～3天加水一次；所投饲料改用浮性饲料，投饵率为2.2%～2.5%。

（4）鱼病预防

杀菌用聚维酮碘类碘制剂，亩用100克，全池泼洒，每15天一次；杀虫用阿维菌素，亩用20克，在饵料台泼洒，晴天上午进行，每10天一次。

使用菌制剂调水后基本无病害，鱼种成活率95%左右。

（调查员：姬维伟）

三、山西省永济市鸿博渔业专业合作社王进民渔场

渔场养殖总面积24亩，主养草鱼最高产单产2 000千克/亩，草鱼平均商品规格2千克/尾，11月和12月开始出塘销售。

1. 池塘基本条件

养殖池塘通风向阳，池形整齐，东西方向，长方形，长宽比2.2∶1，池塘总面积24亩，两个成鱼池塘，每个池塘12亩，池底平坦少淤泥，池塘水深1.8～2.3米，水质清新无污染，每2亩配备3千瓦增氧机1台，每口池塘配备自动投饵机1台。

2. 池塘鱼种放养情况

亩放养规格为100～150克/尾的草鱼苗种1 800～2 000尾/亩，规格为

100克/尾的鳙鱼鱼种100尾/亩，规格为100克/尾的白鲢鱼种200尾/亩，规格为50克/尾的鲤鱼鱼种100尾/亩（表6.6）。

表6.6　主养草鱼池塘（12亩）放养情况

品种	投放时间	规格（克/尾）	投放总数量（尾）	投放总重量（千克）
草鱼	3.20	100～150	21 000	1 990
鲢鳙	3.20	100	6 000	600
鲤鱼	3.20	50	1 200	60

3. 主要技术措施

①2月10号之前生石灰清塘，清塘留20厘米淤泥。3月10号加水，水中加敌百虫杀虫，三氯消毒。消毒后至少7天，于3月20号左右放鱼苗。

②3月20号左右放鱼苗，并用高锰酸钾对鱼种进行消毒，避免鱼病的流行和增加鱼体的抗病能力，保证养鱼高产。第二天对池塘进行消毒，防溃疡和放养过程中的机械损伤，全池泼洒苯扎溴氨和二氧化氯，苯扎溴氨100毫升/亩，二氧化氯100毫升/亩。

③鱼苗入塘后，开始驯化，每天仅投喂两次，驯化成功后改为三次，自6月下旬起投喂4次，10月随水升温的下降又逐步减至每日三次和两次，投喂量根据鱼的摄食情况及水温天气情况而定（表6.7）。

表6.7　饲料投喂情况

月份	3	4	5	6	7	8	9	10
投喂量（千克）	200	840	2 760	3 440	6 720	9 200	10 800	6 040
各月占比例（%）	0.5	2.1	6.9	8.6	16.8	23	27	15.1

另外结合看天气，看水质，看鱼吃食及活动情况灵活确定投饵次数和数量。

采取“两头精，中间粗”的三段式投喂模式。鱼苗下塘后，加强投喂全价配合饲料。三伏天是草鱼疾病的多发期，死亡率最高，要防止草鱼暴食暴长，以达到防病的目的。白露之后一直到草鱼停食之前，这段时间草鱼的发病率和死亡率大大降低，可以加紧投喂配合饲料。

4. 日常管理

①高温天下午13：00—15：00时开增氧机两个小时，晚上由于水质条件较好，鱼类浮头时间偏晚，凌晨1：00时打开增氧机，开至早上6：00时或7：00时。阴雨天随时观察鱼类缺氧状况，及时开增氧机。

②每10天加水一次，每次加水10厘米，加水周期随温度、水质随时调节。

③早晚巡塘，加强鱼类安全保护，一是防病害，二是防泛池。在前期高温时要控制投饵量，少肥水，勤肥最好用生物菌肥，减少氨氮和亚硝酸盐含量，把增氧机变成高产机。

5. 鱼病防治

①6月中旬注意防治草鱼出血病，如果气候正常，一般草鱼无出血病发生。

②鱼种下塘后，半月用高效车轮灭等杀虫一次，主要是车轮虫。

③7—9月，每隔15天对饲料台进行消毒1次，方法是在鱼摄食完后用500克漂白粉溶水后泼洒在饲料台周围。

④定期投喂药饵，可以每15天投喂药饵一次，以防治肝胆病为主。

（调查员：姬维伟）

四、山西省永济市栲栳镇鸳鸯村李红江渔场

1. 池塘的选择与准备

（1）池塘条件

养殖场电力充足，交通便利，水源充沛，注排水方便，水质清新，附近无污染源，水源为中层井水，符合渔业养殖用水要求；鱼池长方形东西走向，光照、通风良好，池埂平整，池堤牢固不漏水。

1 号池面积为 9 亩，池底平坦，每年清淤泥，底泥厚度约 15 厘米，有效水深 2.2 米。该池塘配备 3 千瓦叶轮式增氧机 3 台，投饵机 2 台。

（2）池塘准备

上一年销售完成后，适时清淤晒塘，在鱼种放养 7～10 天前，加水至 0.8 米深，然后每亩用 250 克三氯异氢脲酸全池泼洒消毒。消毒三天后，每亩用过磷酸钙 11 千克肥水，具体方法是：全池泼洒一半，剩余一半用透水强塑料袋分装 2 份，放置在池边水里，起到缓释肥水的作用。晒水一周后水温升至 12～13℃，准备投放鱼种。

2. 鱼种放养

（1）质量要求

鱼种的选择与投放是成鱼养殖的关键，鱼种来源于有资质的良种场或自己培育。鱼种体质健壮，体形正常，鳞鳍完整，体色光亮，黏液丰富，无创伤。

（2）池塘鱼种搭配及放养规格

主养草鱼，适当搭配鲤鱼、花白鲢。根据上市规格和上市时间选择鱼种规格，当年 11 月草鱼要过到 1.0 千克以上，选用鱼种放养情况见表 6.8。

表 6.8　鱼种放养情况表

放养品种	放养密度（尾/亩）	放养规格（克/尾）
草鱼	1 500	90 ~ 100
鲤鱼	300	80 ~ 90
白鲢	300	100
花鲢	80	100

（3）放养时间

早春 3 月 20 日前后，水温达到 11℃左右，在晴天的中午进行投放。

（4）鱼种免疫注射及消毒

在池塘边注射草鱼出血病疫苗，完成免疫，用量为 0.2 毫升/尾，然后鱼种放入池塘。放养 3 天后，鱼种身体反应基本恢复正常，用苯扎溴氨 200 毫升/亩全池泼洒，预防水霉病、机械损伤及各种细菌性疾病。

3. 饲料投喂

饲料决定产量，饲料的质量和投饵技术是影响养鱼产量的重要因素。因此，根据草鱼的食性选择经济又符合营养需要的饲料，结合“四定”的投饵技术，才能获得高产量。

（1）饲料使用

养殖全程膨化饲料与颗粒饲料交替使用。3—4 月，用粗蛋白含量≥28%的膨化饲料，原因是鱼种经过越冬，肠胃需要有一个恢复期，膨化饲料易消化吸收；5 月初鱼种体质恢复后改用蛋白含量≥30% 的颗粒饲料；立秋过后改用膨化饲料。

（2）投饵率见表6.9。

表6.9　不同时段投饵率

月份	3—4月	5—6月	7—9月	10月至霜降前
投饵率	1.5%	2%～2.5%	3%～4%	2.5%

根据鱼的摄食情况适时调整投饵量。3月，每10天左右调整一次投饵率，养殖中期，每3～5天调整一次。投饲遵循“八成饱”原则，不过量投饲，如遇高温、阴雨天气，应停喂。

（3）投喂次数

养殖鱼类的投喂要遵循一定投饲频率和时间，定时可以养成鱼类的吃食习惯，同时在水温适宜、溶氧较高时，可提高鱼的摄食量。通常每天投喂3次，时间分别是早9：00时、中午12：00时、下午16：00时，6—9月每天投喂4次，10月每天2～3次。自动投饵机每次设定投喂15分钟。

4. 水质调节

高密度精养模式，日常管理以管理水质为主，俗话说“养鱼先养水”，就是要保持良好、稳定的水质，重点是防缺氧浮头甚至泛塘。草鱼喜欢清瘦水质，且食量较大，排泄物多，易造成水质变化，因此要经常注换水，改善水质环境。

①6—9月，每隔5天加注新水一次，每次加水约10厘米。每月换水2次，先抽出池塘老水1/3，再加注新水，如遇浮头时，应一边抽出老水，一边加注新水，直到解除浮头。

②每天下午13：00—15：00时开2个小时增氧机，晚上结合浮头情况灵活开机。

③海大集团海联科 3101（枯草芽孢杆菌≥1.0×109 个/克，腐殖酸钠≥2%）和 3102（荚膜红假单胞菌≥1.0×108 个/升）配合使用。在养殖中后期，有效降低水中的氨氮和亚硝酸盐的量。无需活化，直接化水泼洒，8~10 亩鱼池用一瓶（5 升）。

④池塘水质发臭、水色异常，鱼摄食情况不良时，可用多功能底净进行解毒、除臭、改水、增氧。用法为：直接干撒，每亩每米水深用 60~80 克。

5. 病害防治

①从 5 月下旬开始，每半月杀虫一次，半月消毒一次，杀虫用阿维菌素，用量为每亩 100 克，二氧化氯消毒，用量为每亩 200 克。

②每半个月用“三黄粉”或“五黄粉”和饲料制成药饵，预防治疗草鱼的肠炎病，

③急性烂鳃病，小麦收割完后提前预防，把三黄粉用 80℃开水化开，全池泼洒。

④在高温季节控制投喂量预防肝胆病。

6. 日常管理

①每天早晚坚持巡塘。

②养殖旺季 5~6 天定期测水。

③做好养殖记录，定期检查鱼体，做好池塘日记。

7. 收获情况

9 月上旬开始轮捕上市，草鱼池塘平均规格在 1.0 千克/尾左右，亩产量达 1 750 千克。

（调查员：姬维伟）

五、山西省永济市南苏养鱼合作社王小朝渔场

以该渔场的一口 8 亩池塘为例。

1. 池塘清整和消毒

春节过后，清除池底多余的底泥，平整池底；3 月 10 日左右，注水 70 厘米，并用三氯消毒，用量 500 克/亩，7～10 天后开始投放鱼苗。

2. 鱼种投放

选择优质鱼种，鳞片完好，肌肉肥满，体长匀称，体色正常有光泽，鱼眼光亮，游泳活泼。具体投放情况见表 6.10。

表 6.10　鱼种投放情况

放养品种	放养密度（尾/亩）	放养规格（克/尾）
草鱼	2 000	100
鲤鱼	500	100
白鲢	350	100
花鲢	100	100

3. 投放时间、疫苗注射和消毒

3 月 20 日开始，投放鱼种；草鱼每尾注射疫苗剂量 0.2 毫升/尾；鱼种放入池塘 7 天后，用二氧化氯全池泼洒消毒一次，用量 100 毫升/亩。

4. 投饵情况（表6.11和表6.12）

表6.11　饲料成分配比表　　%

饲料品种	粗蛋白≥	粗纤维≤	粗灰分≤	粗脂肪	总磷≥	水分≤	赖氨酸≥（%）
颗粒料	31.0	10.0	14.0	5.0	1.0	12.0	1.8
浮性料	31.0	8.0	12.0	2.0～7.0	0.9	13.0	1.4

投饵率刚开始0.5%，旺季3%，10天调整一次，霜降停料。

表6.12　饲料投喂次数和时间

时间	投喂次数	投喂时间
前期	2次	9：00、16：00
中期	3～4次	8：00、12：00、16：00（7：30、10：00、14：00、17：00）
后期	3次	9：30、12：00、16：30
末期	2次	10：00、15：00

5. 水质调节

①加水情况。一般每十天加一次水，每次10厘米，高温季每5～7天加一次水，每次10厘米，最深水位达2.5米。

②增氧机开机情况。白天，中午11：00—13：00时开两小时；高温季节，中午10：00—14：00时开4小时；晚上9：00—10：00时开机，直到第二天日出停机。

③菌肥调节水质。芽孢杆菌，肥力壮，生力源，腐殖酸钠，轮换施入，每10天一次，用量肥力壮2袋/池/次，腐殖酸钠1袋/池/次。

6. 鱼病防治

以预防为主。杀虫，用代森铵，一年两次，前期一次，中期一次；灭菌害，用戊二醛（250 克/亩），碘制剂（50 克/亩），二氧化氯（200 克/亩）。

7. 日常管理

①坚持早晚巡塘，发现问题及时解决。

②投喂坚持每天称量记录，每次加料 0.5 千克，中期可能要加到 2.5 千克，高温时不加料也不减料。

8. 收获情况

草鱼成活率达 80% 以上，平均出塘规格 2 千克/尾，亩产 2 500 千克/亩。

（调查员：张伟）

六、山西省永济市蒲州镇黄河渔业合作社王文军渔场

1. 池塘条件

面积 12 亩，池水深可加到 2～2.5 米，东西走向，长与宽的比 5∶3；水源充足，水质良好，周围无高大建筑物，交通便利；配备 6 台叶轮式增氧机，1 台自动投饵机。

2. 放养前的准备

①清整池塘，清除池底过多的淤泥，保持池底淤泥厚度不超过 15 厘米，池塘经过消毒暴晒。

②放鱼种前 7 天开始加水，加水加到 1 米，用磷肥肥水每亩 20 千克化

水，全池泼洒。

3. 鱼种放养

所投放鱼种全部为自育。鱼种品质优良，规格整齐，体质健壮，无病无伤。放养时间为3月25日。放养规格和放养密度见表6.13。

表6.13　放养规格和放养密度

品种	放养密度（尾/亩）	放养规格（克/尾）
草鱼	1 800	100
鲤鱼	100	50
花鲢	300	100
白鲢	200	100

鱼种放养前用3%的氯化钠水浸浴10～15分钟。

4. 饲料投喂

投喂采取“定质、定量、定时、定点”投喂技术。

全价配合颗粒饲料成分：粗蛋白33%，粗纤维9%，粗灰分12%。

5. 投饵率

投饵率见表6.14。

表6.14　投饵率表

水温	15℃以下	15～20℃	20～30℃	30～32℃
投饵率	1%	1.5%～2%	2.5%～4%	2%～3%

6. 投喂量

①晴好天气正常投喂，闷热，阴雨，大风天气少喂或不喂。

②每 10 天根据鱼的生长抽样情况，调整投喂量。

7. 投喂次数

立秋之前每天 3 次，投喂的时间分别为早 8：00 时、中午 12：00 时、下午 16：00 时；立秋之后每天 4 次，投喂的时间为早 8：00 时、中午 11：00 时、下午 14：00 时和 17：00 时。

8. 日常管理

①坚持早、中、晚巡塘。观察鱼有无浮头现象，活动摄食是否正常，有无病害发生以及水质变化情况等，及时发现问题，及时解决。

②合理开动增氧机。晴天中午 13：00—15：00 时开动增氧机 2 个小时。这样开动增氧机可将高溶氧的水送到池底，改善底层溶氧情况，表层水可通过光合作用来补充，这样提高了池中的溶氧量，从而提高单位面积的鱼产量；阴雨天提前至半夜开增氧机；傍晚不开，浮头早开。

③定期调节水质。经常加注新水，一般每 10 天加注新水一次，每次加 20 厘米。使用超浓缩复合芽孢杆菌。用红糖活化后使用，选择无风天气，温度高加开增氧机，能分解池底的有机废物、氨氮、亚硝基氮，对净化水质，改良底质有效果，用量为 500 克/亩·米，此种菌类不要与消毒剂化学药物同时使用，必须确定上述药物药效消失后才能用本品。

9. 鱼病防治

①在草鱼生长旺季，从 5 月中旬到 9 月下旬，坚持定期杀虫、定期消毒、

定期投喂药饵。每10天杀虫一次，每15天喂一次药饵，20天消毒一次。

杀虫用药：阿维菌素，用量为每亩100克，用药时间下午16：00时。

消毒用药：二氧化氯，用量为每亩200克，用药时间在下午16：00时。

药饵：石知散的主要成分：石膏、知母、黄芩、黄柏、大黄等。1千克饲料用本品5克制成药饵，连用3天。喂料前投喂。主治草鱼的细菌性疾病和病毒性出血病，对鱼的烂鳃，赤皮，肠炎都有很好效果。

②做到合理用药，防重与治，对症治疗，准确计量用药量。

10. 收获情况

池鱼产量达25吨，草鱼平均规格1.2千克/尾，成活率达85%，亩产量达2 083千克。

（调查员：李俊红）

第七章
怎样建设水产养殖场

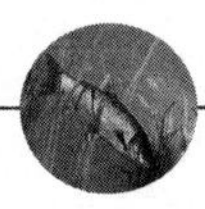

水产养殖场是从事养鱼生产的场所和基地。它既要为鱼类提供良好的生态环境，满足鱼类正常生活、生长、发育、繁殖各阶段的需要，又要有利于渔业生产管理、综合利用、提高工作效率和经济效益。因此，要建设好一个经济、实用的养鱼场，需要慎重选址、科学设计、严格施工。

水产养殖场建设，主要工程与配套设施有：水源和排灌系统、养殖池塘、附属建筑和设施、养殖机械和动力配套等。

第一节　新建水产养殖场场址的选择

俗话说“鱼儿离不开水”，水源充沛、水质良好、土质适宜是建设养殖场的三大首要条件，同时，还需要选择电力供应较稳定、交通运输便利、饲料来源充足、建设材料取材方便的地方新建池塘养鱼场。所以，科学选址是搞好水产养殖场的前提条件。

一、水源与水质

选择养殖场的场地，首先要有可靠的水源和充足的水量。河流、水库、湖泊、地下水、涌泉等都可以作为养殖用水水源。不论利用什么水源，要确保养殖期间水量能满足生产需求，干旱季节不断流、不干涸，保证随时能加注新水和鱼池换水。河流、水库、湖泊的附近是建设养鱼场的最佳场地。

水源水质要符合农业部《无公害食品　淡水养殖用水水质标准》（NY 5051－2001）（见表 7.1）。场地周边应无排放工业污水、有毒污水的工矿企业。

表 7.1　无公害食品 淡水养殖用水标准

序号	项目	标准值
1	色、臭、味	不得使养殖水体带有异色、异臭、异味
2	总大肠菌群	≤5 000 个/升
3	汞	≤0.000 5 毫克/升
4	镉	≤0.005 毫克/升
5	铅	≤0.05 毫克/升
6	铬	≤0.1 毫克/升
7	铜	≤0.01 毫克/升
8	锌	≤0.1 毫克/升
9	砷	≤0.05 毫克/升
10	氟化物	≤1 毫克/升
11	石油类	≤0.05 毫克/升
12	挥发性酚	≤0.005 毫克/升
13	甲基对硫磷	≤0.000 5 毫克/升
14	马拉硫磷	≤0.005 毫克/升
15	乐果	≤0.1 毫克/升
16	六六六（丙体）	≤0.002 毫克/升
17	DDT	≤0.001 毫克/升

二、适宜的土质

场地土质的好坏对建设养鱼场的工程质量和生产效益影响很大。土质要求能确保所建鱼池不漏水，护坡、池埂不坍塌。首先选择壤土建池最好，其透水性和保水性都适度。其次是黏土，但其透气性比壤土差，但保水性强，可作为池底土料。砂土最差，不保水，渗漏严重，不采取防渗措施，不宜建鱼池。

三、环境条件

养殖场的地势、地形等环境条件对渔业生产操作的影响较大。渔场要尽量选在地形平坦、交通便利的地方，要远离污染源，同时还要考虑施工条件。池塘周围不能有高大的树木和房屋，池边也不应有隐藏敌害、消耗水中养分和妨碍操作管理的杂草和挺水植物。渔场地势要高度适中，如能实现进、排水自流，既节省劳力、能源和设备投资，又方便操作。便捷的交通条件，能保证大量渔需物资的运进和产品的运出。渔场一般都需配备增氧机、投料机和水泵等机械，所以电源、容量也要充分考虑。

第二节　新建水产养殖场的总体规划设计

在进行养鱼场的规划、设计、布局时，要尽量做到高标准、高起点，既要考虑当前的任务和规模，又要做好切实可行的远景规划。设计规划可一步到位，分步实施。

一、规划设计原则和总体布局

规划设计要在做好总体布局的基础上进行。首先总体布局是否合理将直接关系到渔场的建设投资、技术应用、生产管理和经济效益，以及场容场貌和发展潜力。在全面布局和规划设计工作中，既要从工程角度考虑，又要满足渔业生产和管理方便的要求，还要利用地形、地貌、水源、交通、电力等原有条件，因地制宜地进行合理的总体布局设计。

1. 规划设计

主要包括生产规模、发展远景和总体布局等。渔场建筑工程设计应遵循的原则：厉行节约、便于施工、省工省力。总的要求是：布局合理，养殖区和生活区分离，还要便于生产管理和操作，减轻劳动强度，提高工作效率，保障职工生活方便；合理安排电力线路和交通运输线路，要求路线短捷、畅通，尽量避免迂回交叉；全面规划，以绿色、环保、生态型养殖场为目标，合理进行绿化、美化，搞好环境保护和资源利用；要考虑养殖场发展趋势和方向，为以渔为主开展综合经营创造条件；充分利用地形，做好土方平衡、减少填挖、缩短运距；就地取材，节省时间和运输费用。

渔场规划时根据生产需要和投资计划，可一次规划，分步实施。

2. 总体布局

渔场各个设施和建筑物之间，要根据渔场的生产方向、生产需要进行合理布局。鱼池面积应占到渔场总面积的70%左右，鱼池面积中成鱼池占80%，鱼种池占20%。

（1）管理中心位置

该中心是渔场的行政、生产管理和职工生活的区域，其中包括办公室、会议室、渔需物资仓库、化验实验室、职工宿舍和食堂等，尽可能分布于渔场的中心，便于管理渔场各个部位。对于距离中心较远的鱼池，还应建简易管理房，交通出入便捷。

（2）亲鱼池位置

亲鱼是良种场的生产基础，必须精心培育、仔细管护，其位置应建在管理中心的附近，便于管理。

（3）产卵池、孵化设施位置

产卵池和孵化设施位置应紧密相邻，而且要靠近亲鱼池，方便于亲鱼的搬运，避免由于搬运时间过长而影响其产卵、受精和孵化。也要接近管理中心，便于昼夜值班，及时发现和解决问题。

（4）各种鱼池的位置

建设一个规模较大的养渔场，一般都分成若干生产区：一是鱼苗繁育区。包括亲鱼池、产卵池、鱼苗培育池，这些鱼池都应接近孵化设施。二是成鱼生产区。根据生产需要还可分成若干片区，各成鱼生产片区都要有配套有鱼种池，鱼种池尽量围绕着鱼苗池。

渔场进、排水渠分离，避免其同用传染鱼病。

（5）蓄水池位置

蓄水池应建在养渔场的最高地点，便于其自流灌注，确保鱼苗孵化、场区绿化、职工生活等用水。

（6）渔场道路和供电设施位置

主干道或便道要能通达全场的鱼池，还要考虑道路对大型运输车的承载力。渔场变压设备和发电机组的布置，要注意减少线路损耗，主供电和自发电的及时互换。

二、鱼池及辅助设施

鱼池建设大多采用半挖半填的施工方式，填方施工时要注意分层碾压夯实，并清除池底草根、树根及障碍物，必要时要做池底防渗处理。

1. 鱼池规格

（1）池形

以长方形为宜，根据鱼池面积的大小，其长宽之比一般为 2∶1 或 5∶3. 面积和形状相同的鱼池排列在一起，利于管理和捕捞作业。

（2）池向

为充分利用太阳光照，适应鱼类生活，池向以东西长于南北为宜。

（3）面积

成鱼池 8～12 亩，鱼种池 3～5 亩，鱼苗池 1～2 亩，亲鱼池 3～6 亩。

（4）池深

按水深标准定为成鱼池 3 米，鱼种池 2～2.5 米，亲鱼池 2.5～3 米。

（5）池堤宽度

主干道 8～10 米，池间隔堤宽 4～5 米。

（6）池堤及池底坡度

（1∶1.5）～（1∶2.5），用混凝土护坡的，坡度可陡些。池底平坦，池底坡度（1∶200）～（1∶300），由进水口向排水口倾斜，利于排水和捕捞。

2. 供排水系统

一个养鱼场或鱼池，只有水源充足、排灌方便，才能达到高产高效。进、排水系统由水源、进水口、各类渠道、水闸、集水池、分水口、排水沟等部分组成，设计要充分考虑到地形的特点，尽可能利用自然条件实现自流和自排。以河水、湖水或水库水位水源，一般需要建提水站或引水渠，引水渠和养殖池注水一般为明渠；以地下水位水源，引水和注水一般采用明渠、暗管或明渠暗管相结合的方式。明渠养护管理方便，易于开挖，利于水的增氧，但占地多；暗管埋置于冰冻线以下，否则，管道下应铺粗沙 30～40 厘米，并用阴井连接。按此要求建设占地少，防冻效果好，但检查养护不便，建筑费用较大。

为预防鱼病的传染和蔓延，进、排水系统应分离，不能兼用，鱼池之间更不能互通。每个鱼池的进、排水口设置在鱼池两端的短边堤坡处，进、排水沟渠以平行鱼池的短边为最短，应该是池塘的一端进水，另一端排水，使得新水在池塘内有较长的流动混合时间。在进水口处应铺设水泥护坡，以减少进水时水对堤坡的冲刷。

3. 池堤

一般为土堤，有条件的可采用水泥或沥青堤面。为了方便饲养作业、车辆通行和机械化操作管理，池堤顶面宽度不应小于 8 米。

4. 水源设施

采用深井供水的，一般每眼深井的出水量应在 50 吨/小时以上，可以满足 50 亩鱼池的用水量。采用河水的，应因地制宜建设引水渠道或管道，并做好防洪措施。

5. 其他附属工程

包括生产、办公用房（包括化验室）等。综合性养殖场，还应包括苗种繁育设施、饲料加工车间和运输车辆等。

第三节　养殖机械和电力配套

鱼场的配套设施应根据自然状况、养殖规模、生产水平、经济条件等来决定。主要包括：

1. 潜水泵

用于抽水、排水、换水和运输加水。购置时应考虑有备用水泵，以备水泵维修或应急所用。

2. 增氧设备

高产池塘必备的设备之一。常用的有叶轮式增氧机、水车式增氧机、射流式增氧机、充气式增氧机等。其中叶轮式增氧机具有增氧、搅水、曝气的功能，使用较为普遍，可按7亩左右的池塘配备1台3.0千瓦（电机）配备。目前正在推广使用的池塘底部微孔增氧技术，可以消除池塘水体分层，增加水体上下左右对流，快速提升池塘底部溶氧量并全面提高水体溶氧量，使池塘达到良好的养殖水环境条件，具有产量高、能耗省、安全性好等特点。

3. 自动投饵机

规模较大的渔场，可根据鱼池大小配备1台或多台自动投饵机。

4. 电力配套设施

主要包括变压器、输电线路和配电设备等。可根据电压和渔场各类设备的功率，计算出整个渔场的电力负荷，并配备相应的变压器。高压输电线到达变压器，低压线路应到达每口池塘。输电线路的布设一般与供、排水系统平行，设在道路旁，便于操作和检修，尽可能不跨越养殖池和建筑物。为了避免高温季节突然停电造成的浮头泛塘事故，应配备应急发电机组，必要时还应有备用机。

5. 网具和工具

主要包括：夏花网、鱼种网、成渔网、鱼苗网箱、手推车和交通工具等。

第四节　老旧鱼池的改造和利用

老旧鱼池的改造和利用主要是指对浅水、堤埂过低、不能排水的鱼池，以及池底淤泥过厚、形状不规则、不利于管理的鱼池进行规范化、标准化改造。

1. 改浅鱼池为深鱼池

主要方法是排干池水，深挖淤泥污物，可采用吸泥泵或机械挖运。同时，清塘应与加固塘埂、种植经济作物相结合，可综合利用塘泥。

2. 改小池为大池

根据池塘用途，加宽池埂，合并小池，建成标准鱼池。

3. 改漏水池为保水池

发现漏水，可将保水性大的黏土铺在底层，加厚 20 ~ 30 厘米并填平夯实；也可采用红土混合石灰填于池底夯实；或直接用防渗膜铺设。

4. 改死水池为活水池

修建简易引水渠道，使池塘与水源相通、与排水沟相连，或采用机械抽水，定期更换池塘用水，整修好供水渠道和排水设施，确保池塘常年进排水自如。

5. 堤埂低改高、窄改宽、土改石

池塘堤埂高度应比当地历史最高水位高出 30 ~ 50 厘米，池塘的土堤埂若采用水泥预制板或石块护坡，可以抵御洪水的袭击。

第五节　农业部水产健康养殖示范场创建标准

一、必备资质和规模

①申报单位持有效新版《水域滩涂养殖证》。

②申报单位主体为集体经济组织、农民专业合作社和企业等具有独立法人资格的单位（有完备的资质证明）。非渔业行政主管部门及渔政监督管理机构。

③以池塘养殖为主的申报单位的养殖池塘面积在200亩（西部地区含山西省100亩）以上；工厂化养殖水面面积3 000平方米以上，并具有循环水处理设施或设备；其他养殖方式面积不限。水产品年产量200吨（西部地区含山西省100吨）以上。

二、生产条件和装备

①场区内环境整洁，进排水渠分设且无淤积，电力容量满足生产需求，道路平整通畅；养殖生产设施能定期改造维护，现状良好，符合健康养殖的要求。配备必要的水质检测、病害诊断等仪器设备；投饵机、增氧机等基本养殖设备配置完备，维护良好，使用正常。

②养殖用水符合无公害水产养殖用水标准，水源无污染源，且定期进行监测；具有养殖用水预处理和废水净化处理设备或设施且正常使用；养殖废水达标排放。

三、生产操作和管理

①根据本场实际确定健康养殖模式，制定生产操作规范，并严格执行。

②建立苗种、饲料、兽药等生产投入品采购、保管和使用规章制度；采购的苗种、饲料、兽药等来源于合法生产企业，并按照《饲料和饲料添加剂管理条例》、《兽药管理条例》规定使用符合国家标准的饲料和兽药，无使用禁用药品行为，前五年（含本年度）药残抽检结果全部合格（未被抽检年份视同合格）。

③建立《水产养殖生产记录》、《水产养殖用药记录》和《水产品销售记录》，按时认真填写，记录内容详细完整准确并妥善保管。

④内部管理制度健全，张贴重要的管理制度、技术规程等，定期对职工或成员进行健康养殖和质量安全教育培训。取得职业资格证书的技术操作工人应占工人总数15%以上。

⑤逐步建立产品可追溯制度，销售养殖水产品应附具《产品标签》；鼓励养殖产品获得无公害农产品或绿色食品或有机食品认证。

四、辐射带动作用

①养殖综合生产效率高于当地同方式同品种的养殖水平，渔民年人均收入高于当地渔民年人均收入，养殖节能减排成效显著。具有中级职称以上专业技术人员，有水产科研机构作为技术依托单位，生产科研水平较高。

②积极主动为周边养殖户提供健康养殖技术咨询和培训服务。至少联系和示范带动周边养殖渔民100户以上，对联系户每年举办1～2期培训班，提高周边养殖渔民对健康养殖的认知程度和操作技能，在周边养殖户中有良好形象。

参考文献

雷慧僧，薛镇宇，王武．2015. 池塘养鱼新技术［M］．北京：金盾出版社．

张根玉，薛镇宇．1995. 淡水养鱼高产新技术［M］．北京：金盾出版社．

宋憬愚，潘顺林，岳茂国，等．2015. 池塘养鱼与鱼病防治［M］．北京：金盾出版社．

顾德平，黄伟．2012. 水产动物用药技术问答［M］．北京：金盾出版社．

陈锦富，陈辉．2014. 鱼病防治技术．北京：金盾出版社．

魏宝振，向朝阳．2015. 农业技术指导员（渔业）［M］．北京：中国农业出版社．